U0220125

陶瓷创意烧成

——乐烧、匣钵烧成、坑烧、桶烧

（修订版）

［美］ 詹姆斯·沃特金斯（James C. Watkins）
保罗·安德鲁·万德莱斯（Paul Andrew Wandless） 著

王 霞 译

上海科学技术出版社

图书在版编目（CIP）数据

陶瓷创意烧成 : 乐烧、匣钵烧成、坑烧、桶烧 / (美) 詹姆斯・沃特金斯 (James C. Watkins) , (美) 保罗・安德鲁・万德莱斯 (Paul Andrew Wandless) 著 ; 王霞译. -- 修订本. -- 上海 : 上海科学技术出版社, 2023.5
（灵感工匠系列）
书名原文: Alternative Kilns & Firing Techniques
ISBN 978-7-5478-6165-3

Ⅰ. ①陶… Ⅱ. ①詹… ②保… ③王… Ⅲ. ①陶瓷—烧成(陶瓷制造) Ⅳ. ①TQ174.6

中国国家版本馆CIP数据核字(2023)第073235号

陶瓷创意烧成——乐烧、匣钵烧成、坑烧、桶烧（修订版）

［美］詹姆斯・沃特金斯（James C. Watkins）
　　　保罗・安德鲁・万德莱斯（Paul Andrew Wandless）著
王霞　译

上海世纪出版（集团）有限公司
上 海 科 学 技 术 出 版 社　出版、发行
（上海市号景路159弄A座9F-10F　邮政编码201101　www.sstp.cn）
上海锦佳印刷有限公司印刷
开本 889×1194　1/16　印张 8
字数 232千字
2023年5月第1版　2023年5月第1次印刷
ISBN 978-7-5478-6165-3 / J・77
定价: 128.00元

译者序

听编辑说《陶瓷创意烧成——乐烧、匣钵烧成、坑烧、桶烧》(以下简称《陶瓷创意烧成》)这本书准备出修订版，我心中十分高兴。自2009年以来，我与致力推动中国陶艺发展的出版社合作，陆续翻译出版了多部外国陶艺专业著作，这些书有的是由业内大咖推荐的，有的是由出版社的编辑发掘的，有的是我在收集资料时偶遇的。而这本《陶瓷创意烧成》比较特别，它的英文原版是由当年的陶艺爱好者，如今的“半山雅器陶艺工作室”创建者张锐先生介绍的。

从当年第一次翻开这本书，浏览它的目录和正文，到现在，它给我的触动一直没变——这是一本称得上填补中国陶艺界烧成技法类知识空白的著作。书中所讲的内容与中国的传统陶瓷大相径庭，是只有在外刊上搜寻信息、去国外求学，或者请国外相关领域学者亲临演示，否则就难得了解的知识。书中介绍的各种烧成技法具有抛砖引玉的作用，若读者在实践中能根据实际情况举一反三地加以运用，就能创作出极具新意的作品。

《陶瓷创意烧成》中文首版发行于2018年，但实际上它却是我所有译著里最早完成的一部(早在2009年就完成了)。数年间我不断地向出版社推荐它，从最初顾虑其原版发行日期过于久远，内容或显陈旧，直到如今再版，这是本书价值的最好证明。诚如上述，也正因为它是我翻译的第一本书，彼时我的专业知识和术语积累有限，几处译文处理得并不恰当，再版一并更正。希望读者朋友们可以从新的版本中获得新的知识与灵感。

正值中国陶艺蓬勃发展之际，由衷希望《陶瓷创意烧成》(修订版)给广大的中国陶艺界同行带来更多的启迪，为中国陶艺的发展尽一份薄力。

王霞

2023年2月25日

前　言

陶艺师沉迷于窑火作用在陶瓷作品外表面上的特殊效果，为此我们撰写了本书，你一定会被书中的烧成方法所吸引。黏土、热量和浓烟相互作用所产生的视觉效果着实令人着迷，这种低温烧成方法堪称“创造”。希望本书讲解的数种烧成方法及列举的大量图片资料能起到抛砖引玉的作用。

本书特别收录了陶艺师兰迪·布隆纳克斯(Randy Brodnax)、顿·埃里斯(Don Ellis)，以及琳达·克里芙(Linda Keleigh)的烧成技法。5位陶艺师聚集一堂，将多年的烧成经验介绍给广大读者。兰迪和埃里斯是技艺超群的知名艺术家，他们合作多年，在全美境内开设陶艺工作室。琳达则讲解了她的桶烧技巧，该烧成方法可以得到多重肌理和丰富的细部效果。

经过缜密的构思后，我们相聚在北加州西部山区。秀美的山色让人精神振奋，每日的晨晖尽扫雾气，照亮蓝岭山脉(Blue Ridge Mountains)。那段日子真是承蒙上帝眷顾——气候适宜，每项烧成试验都取得了完美的结果。兰迪会做法国菜，所以最后我们举办了一个派对，以庆贺试验成功和彼此间友谊的加深。那是一个田园诗般的地方，在那里和同行分享美景和创作灵感真是妙不可言。

我们交流了西方乐烧、坑烧、桶烧、匣钵烧成、低温盐釉、酒精还原、贵金属烟熏等个性化烧成技法中的关键性技术环节，对建造高效、多用途、易实施的乐烧窑炉及其烧成方法，丙烷燃烧装置的安装等亦有详细论述。作为补充，兰迪还向读者展示了他的“绝活”——倒焰式桶窑，这

詹姆斯·沃特金斯（James C. Watkins）
“瓶”，2002 年
28 cm×23 cm；邓肯古铜色釉烧至1 046 ℃；喷洒金色光泽彩烧至656 ℃；氯化锡烟熏至427 ℃；金属匣钵烧至843 ℃，厕纸还原。
荷西·沃马克（Hershel Womack）摄影

保罗·安德鲁·万德莱斯（Paul Andrew Wandless）
“不太好”，2003 年
31.8 cm×22.9 cm×14 cm；铝箔纸匣钵烧成；酒精还原。
陶艺师本人摄影

詹姆斯·沃特金斯(James C. Watkins)
“鸟篮”,2000年
38.1 cm×25.4 cm;邓肯古铜色釉;借助胶带纸形成图案;烧至1 046 ℃后降温至427 ℃;氯化锡烟熏。
荷西·沃马克摄影

种烧成方法所使用的窑炉为上开门式结构,以木柴作为燃料。

书中所讲的烧成方法将大大拓展学生的陶艺知识面——科学的烧成技法及化学元素对坯釉料的影响,各类烧成方法简单易学。从始至终借助文字和图片讲解烧成过程是本书的独到之处。本书不但有助于初学者了解烧成知识,更能拓宽陶艺师的眼界。

陶艺师们为本书奉献了近500张作品图片,我们择优选录了部分照片。这些图例代表了陶艺师们对快速烧成、低温烧成和后期还原方法的钟爱。第5章的内容充分展现了乐烧的魅力和陶艺师的“绝活”。那

些作品是陶艺师投入巨大精力和耐心的见证。我们深信快速烧成方法可以帮助陶艺师和机遇“缔结良缘”。科学家路易斯·帕斯特（Louis Pasteur）曾指出“在观察力领域，机遇只属于那些有准备的头脑”。

真心希望读者朋友们在学习本书中的烧成方法时，亦能获得我们当日在北加州西部山区时的快乐心境。

詹姆斯·沃特金斯 (James C. Watkins)、
保罗·安德鲁·万德莱斯 (Paul Andrew Wandless)

保罗·安德鲁·万德莱斯（Paul Andrew Wandless）
“被收藏的思想”，2003年
47 cm × 31 cm × 10.8 cm；低温釉结合铝箔纸匣钵烧成；酒精还原。
陶艺师本人摄影

关于创作团队

在进入正文之前，先向读者讲述一下本书的编纂过程。书中讲解的烧成方法共分为三大类：乐烧、坑烧、桶烧。每种烧成方法的开头都讲述了制作简易、多功能窑炉的方法。这些窑炉不仅是烧成工具，更能在素烧坯体上产生丰富肌理和色泽，令烧窑者惊喜不已。

本书作者在美国境内广泛邀请陶艺师加盟，正是因为有了他们的帮助，才有了书中那些美妙的作品。顿・埃里斯(Don Ellis)是一位长期任教于新墨西哥州的陶艺师。兰迪・布隆纳克斯(Randy Brodnax)是一位来自得克萨斯州的工作室主理人和教师，他载着窑炉部件、陶罐和食品一路赶来。琳达・克里芙(Linda Keleigh)是一位来自新泽西州的自学成才的陶艺师，她载着桶、燃料、素烧坯体，以及她的婆婆一路赶来。这些陶艺师们住在云雀出版公司(Lark Books)出版商罗布·普雷恩(Rob Pulleyn)的山区别墅中,罗布本人也是一位自学成才的陶艺师。

詹姆斯、保罗等人建造了一座丙烷乐烧窑,兰迪为该窑设计了燃烧装置。保罗展示了乐烧和锯末还原的基本方法、坑烧素烧坯体、清洁烧成坯体。詹姆斯介绍了银黑色赤陶化妆土、光泽彩烟熏、低温盐烧,以及混色效果。埃里斯教授了铜釉酒精还原和马尾乐烧。琳达讲解了表层抛光及如何用桶和木材为作品增加色泽。兰迪演示了如何利用氯化铁丰富乐烧釉料、铝箔纸烧成、如何建造带烟囱的倒焰桶式窑炉。艺术家们用尽浑身解数装饰兰迪带来的陶罐,以试验他的窑炉。云雀出版公司的艺术总监卡西·霍密斯(Kathy Holmes)、摄影师伊万·布拉肯(Evan Bracken),以及编辑共同完成了本书。书中包含大量知名陶艺师制作的乐烧、坑烧、桶烧精品图片,部分艺术家还透露了他们的烧成“秘诀”及独特的釉料、化妆土“秘方”。我们衷心希望读者能够喜爱这份礼物。

苏詹妮·托蒂劳特 (Suzanne Towrtillott)

目 录

译者序 4

前言 6

关于创作团队 10

第1章 乐烧 15

1.1 乐烧的发展历程 15

1.2 建造乐烧窑 17

1.2.1 建造窑身 20

1.2.2 建造基座 24

1.2.3 安装燃烧器 24

1.2.4 组装窑炉 25

1.3 乐烧的基本原理 27

如何乐烧 29

1.4 几种个性化的乐烧还原技法 32

1.4.1 琥珀色氯化铁还原乐烧 32

1.4.2 高对比马尾还原乐烧 36

1.4.3 铁锈红色还原乐烧 38

1.4.4 赤陶化妆土还原乐烧 40

1.4.5 青铜黑色还原乐烧 42

1.4.6 亚光水洗铜酒精还原乐烧 44

1.4.7 光泽彩烟熏乐烧 48

1.4.8 低温食盐烟熏乐烧 51

第2章 匣钵烧成 57

2.1 银黑色赤陶化妆土纹样烧成 58

2.2 多彩外观烧成 61

2.3 铝箔纸匣钵烧成 **64**
2.4 黏土匣钵光泽彩烟熏烧成 **67**

第3章 坑烧 **71**

3.1 挖窑坑 **72**
3.2 清洗坯体 **76**

第4章 桶烧 **79**

4.1 赤陶化妆土桶烧 **80**
4.2 倒焰烟囱桶烧 **87**

第5章 艺术品画廊 **92**

后记 **118**

附录1 釉料、化妆土和着色剂 **120**
附录2 专业词汇表 **122**
附录3 奥顿(Orton)测温锥表 **124**

RAKU

第1章 乐 烧

乐烧是一种低温快速烧成方法，这种方法可以在陶瓷坯体的外表面形成丰富多彩的视觉效果。从简易的白色裂纹釉到绚丽的光泽彩，从质朴的茶道碗到抽象的雕塑或人像，无穷的创作可能性令乐烧这种古老的烧成方法历久而弥新。现代西方乐烧方法与古代东方乐烧方法不尽相同，所形成的作品种类、烧成手段和效果更是千差万别。日式乐烧法和西方乐烧法所需的时间虽短，效果却很不错。

1.1 乐烧的发展历程

乐烧的历史可以追溯到450年前，日本京都市乐烧博物馆内收藏了大量珍贵的乐烧艺术品。乐烧寓意着快乐，指饮茶者在享受日式茶道过程时的曼妙心情。乐烧起源于崇尚武力的日本桃山时代（16世纪）。一代茶道大师千利休是当时闻名朝野的人物。他提倡"侘寂之美"，这种美学思想重视饮茶过程和茶室的质朴简约。千利休将陶艺师长次郎、尾关作十郎父子的作品引荐给当时最有影响力的军阀之一丰臣秀吉。尾关作十郎将带有黄金"乐烧"字样的陶瓷作品呈送给丰臣秀吉。后来"乐烧"一词便在这个陶艺世家一代代传承下来。每一件乐烧作品都清晰地反映了创作者对茶道文化的尊重和其本人独特的审美情趣。

日式乐烧无论在方法上还是在理念上都有别于西式乐烧。比如说日式乐烧更偏重对传统茶道文化的祭奠，更像是一种程式化的行为。传

◀让·保林（Ron Boling）
"长脚乐烧桶"，2002年
69 cm×33 cm×33 cm；电窑05号测温锥素烧；光泽黑、亚光铜红釉；丙烷耐火棉乐烧窑；烧至999 ℃；碎纸还原。
约翰·胡珀（John Hooper）摄影

统的日式乐烧作品不一定要经历还原阶段。相反，西方的乐烧艺术家一定会将刚出窑炉的陶瓷作品趁热放进装满可燃性物质的“还原箱”中焖烧。当还原箱中的氧气不足时会生成还原气氛，氧气充足时则生成氧化气氛。保罗·苏德纳（Paul Soldner）和另外一些美国先锋艺术家于20世纪60年代早期率先进行了一系列的乐烧创作。

西式乐烧虽包括多种方法和材料，但作品经高温烧成后入还原窑焖烧是其共同特征。西式乐烧无传统束缚，是一种不断演进的艺术形式。本章节中的图例将成为你研究乐烧的起点，它将引领你踏上一条新奇的探索之路。

“日本黑色乐烧茶碗（桃山时代）”，1585～1589年

8.5 cm × 10.8 cm；黑釉；黑漆修补。

图片由隶属于华盛顿特区史密森研究院（Smithsonian Institution）下的萨克勒（M. Sackler）画廊友情提供

琳达·甘斯道姆（Linda Ganstrom）
“种子姐妹”，2003年

33 cm × 28 cm × 18 cm；电窑07号测温锥烧成，降温至649 ℃；室温降温直至釉面开裂，最后借助报纸在铁桶内还原。

谢尔登·甘斯道姆（Sheldon Ganstrom）摄影

1.2 建造乐烧窑

詹姆斯·沃特金斯(James C. Watkins)在兰迪·布隆纳克斯(Randy Brodnax)的帮助下示范了丙烷乐烧窑的建造方法。独立建造这种窑炉需要几个小时。这座示范窑的高度和直径均为61 cm,窑盖可移动。这座窑所具有的某些创新型设计使其自身的工作效率大为提高,比如隔板系统和经过改良的燃烧器端口。以前的乐烧窑炉外形像"高顶礼帽",要将窑身与底座分开必须要借助"吊滑轮"的帮助,目前最受欢迎的设计方案是为圆柱形窑炉设计一个与窑身相连接的盖子。詹姆斯发现目前的设计方案效率更高,也更易建造。烧窑时最好找个助手帮你揭窑盖,以便使作品在还原前仍然保持足够高的温度。

乐烧窑周围要有足够宽敞的空间,窑炉周围不能堆积可燃性物质。为了避免窑炉受到风雨的侵蚀,最好为其建造一个开敞的顶棚,顶棚与窑顶间的距离最少为2.4 m,其原因是便于排烟。

礼帽型乐烧窑需要借助提升设备将窑体从底座上吊起来。
安娜·沃格勒(Anna Vogler)摄影

沃利·阿瑟伯福斯(Wally Asselberghs)
“三只小妖”,2002年
左：11 cm×5 cm；中：15 cm×6 cm；
右：14 cm×5 cm；乐烧及剥釉乐烧。
查尔斯·瑞吉斯(Charles Riggs)摄影

将炙热的作品从高温窑移动到乐烧窑要迅速且动作连贯。在移动作品前清理一切可能出现的路障。最理想的情况是，乐烧窑距离高温窑非常近，以便将作品顺利地从一个窑炉移动到另一个窑炉中。

丙烷气罐与窑炉之间的距离至少为2.4 m，但也不要超过燃烧器端口所及的范围。向专家或燃气供应商咨询正确的安装意见，并检查是否有燃气外泄的情况。

保温棉等绝缘物质的颗粒，特别是首次烧成之后产生的颗粒，是人类健康与环保的大敌。在接触这些绝缘材料时必须佩戴口罩，尽量避免皮肤接触。不妨考虑一下新型的纤维材料，比如那种可溶解的保温棉。这类材料不但市面有售，还可以通过网络购买。

建造乐烧窑的原料和工具

大多数原材料能在陶瓷材料店、工具店和五金店买到。詹姆斯不建议用其他材料替代，因为选择这些材料是出于对其耐火强度、耐火能力或者安全因素的考虑。

2块半圆形硼板

1张1.2 m×2.4 m的铁丝网，铁丝的规格为16号，孔洞的规格为1.3 cm

木炭笔

重型铁丝剪

2.5 cm厚的保温棉，96 kg/m²

记号笔

重型剪

镍铬合金丝，规格为18号

耐火金属丝

2把钢丝钳

24枚耐火棉铆钉，长度为5 cm，最低承受温度为1 149 ℃；或者24枚黏土按钉

美工刀

2个金属衣橱把手，附带闩、垫圈以及螺母，以便于组装

18块硬质耐火砖

22块轻质耐火砖，烧成温度为1 260 ℃

能产生165 000英国热量单位的文杜里丙烷燃烧器或者能产生60 000英国热量单位的天然气燃烧器，配套的软管附件，高压调节阀，针型阀

焊接设备：焊料，焊膏，一张重型铝箔纸，焊枪

钻孔直径为16 mm的金属钻

砂纸

管道胶带

螺旋扳手

360 L的丙烷气罐一个，配套的软管附件

象牙牌洗洁精

直径为2.5 cm的软管一根，长度至少为2.4 m

1～2块硼板和垫片

钢锯

让·温惠兹（Ron Venhuizen）
“流年2～4”，2003年
38 cm×25 cm×25 cm；燃气耐火棉窑乐烧；报纸、锯末还原15分钟。
陶艺师本人摄影

帕翠克·卡拉比(Patrick Crabb)
"瓷片壶系列",1987年
31 cm×33 cm×10 cm;燃气乐烧窑;还原;低温盐釉。
陶艺师本人摄影

1.2.1 建造窑身

选择干燥、平坦的地面(比如混凝土地面、沥青地面或者坚硬的黏土地面)建造乐烧窑。如果地面不平就用铁锹将其铲平,对于混凝土或沥青地面而言,则需要借助沙子将窑砖垫平。须借助水平仪来检验。

(1)将建窑所需要的所有工具准备齐全。窑身直径的大小取决于你所用窑砖的长度。硼板的大小以能承托你最大的作品为宜(照片1)。在硼板与窑壁间预留7.6 cm的距离,其原因是便于精确测量出所需铁丝网的长度。窑炉的高度和耐火棉的宽度均为61 cm。

(2)用木炭笔在铁丝网上做标记,然后借助重型剪将其剪为适用的长度(照片2)。

（3）将耐火棉平摊在剪好的铁丝网上。做标记并借助重型剪将其剪成与铁丝网尺寸相当的大小（照片3）。

（4）将铁丝网围成圆柱形（照片4），接口处需重叠几厘米。

（5）剪下3小段镍铬合金丝。借助钳子用合金丝绑定铁丝网圆柱体的顶部、中部和底部（照片5）。

（6）将耐火棉作为窑身的内衬（照片6），耐火棉接口处有少量重合也无所谓。对齐耐火棉和铁丝网的接口。

（7）将耐火棉固定在窑身上。如果你使用的是耐火棉铆钉，则需要在螺母和垫圈间放置一块7.6 cm见方的耐火棉块（照片7）。借助钳子将其固定牢。不论你使用的是哪一种紧固件，都需要在

查尔斯·瑞吉斯(Charles Riggs)、
琳达·瑞吉斯(Linda Riggs)
"3个剥釉乐烧罐",2003年
左:17 cm×14 cm;中:18 cm×13 cm;右:14 cm×16 cm;浸染赤陶化妆土并抛光;礼帽型乐烧窑;剥釉乐烧。
陶艺师本人摄影

窑顶口沿、窑中部线、窑底口沿每隔30.5 cm锚固一处。窑身内部的耐火棉接缝需要用5 cm宽的耐火棉条遮挡(照片8)。

(8)借助重型剪在窑身底部挖出一个直径为5 cm的燃烧器端口。孔洞的直径要比燃烧器粗2.5 cm。

(9)在燃烧器端口的对面(窑身中部位置)挖一个直径为7.6 cm的观火孔。

(10)窑盖的周长要稍大于窑身的直径(照片9)。借助重型剪裁切一个圆形的铁丝网窑盖(照

片10),然后在其中心位置挖一个直径为7.6 cm的通气孔。

(11)将盖子放在耐火棉上。因为盖子比耐火棉稍大,所以要将耐火棉裁成两个半圆形。用美工刀为两片半圆形耐火棉之间的空隙裁切一条横挡,以便使两片耐火棉整齐地拼接为一体(照片11)。

（12）在窑盖上安装两个把手，但要让它们位于同一侧，而不是对称分布在通气孔两旁（照片12）。按照步骤7中所讲的方法用耐火棉锚固窑盖。剪掉堵在通气孔处的耐火棉。

（13）为观火孔制作一个耐火棉塞子。剪一条10.2 cm宽的耐火棉条。将其卷曲直至其直径足以塞满观火孔为止（照片13）。用耐火金属丝绑定塞子的顶底两边及中部。剪齐并修整金属丝的顶端，以免它剐蹭到观火孔的边缘。

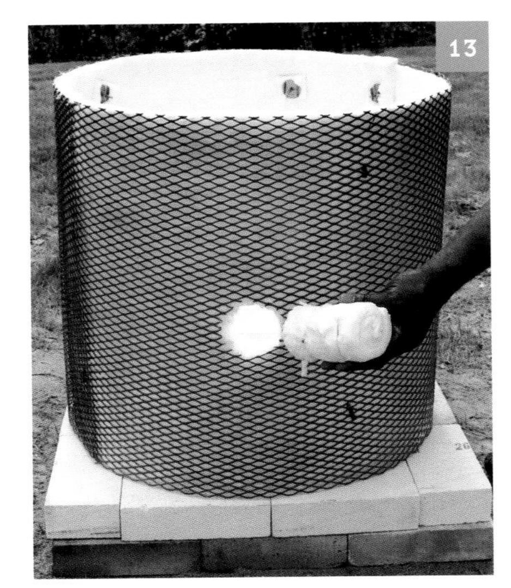

让 · 保林（Ron Boling）
"乐烧网底盘"，创作日期不详
25 cm × 79 cm；电窑04号测温锥烧成；铜红釉；丙烷耐火棉乐烧窑；烧至999 ℃；碎纸还原。
约翰 · 胡珀（John Hooper）摄影

1.2.2 建造基座

选择一块平坦的地面，用两层耐火砖建造窑炉的基座。基座的大小要足以承托窑身的直径。按照片14中的摆放方式用硬质耐火砖建造窑炉的基座，之后用轻质耐火砖再交错摆放一层（照片15）。

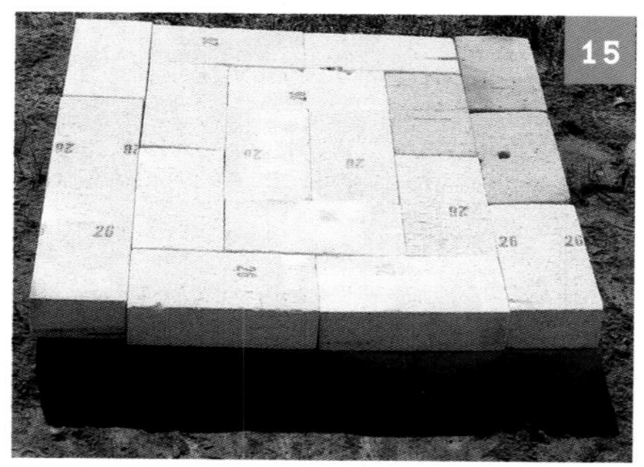

文杜里燃烧器通过连接在燃气罐上的软管接收丙烷气体，燃气和氧气的混合比例取决于进气阀和喷嘴的直径。

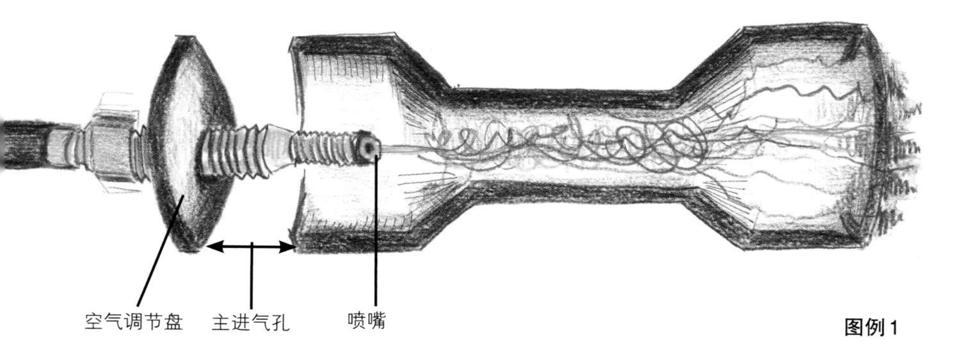

图例1

1.2.3 安装燃烧器

（1）文杜里燃烧器可以混合空气和燃气（图例1）。购买前必须咨询燃气供应商，以便搭配适宜的软管、喷嘴（天然气或丙烷），以及针型阀（图例2）。如果你用的是天然气则无须限定喷嘴的直径，所以你可以忽略步骤1至步骤4。而对于丙烷来讲，则必须减小喷嘴的直径，以便能有效地控制燃气流量。

针型阀安装在压力调节阀和文杜里燃烧器之间。

图例2

（2）拆散燃烧器，卸掉喷嘴。

（3）准备焊接：在耐火砖上放置一块重质铝箔纸，在铝箔纸上放置喷嘴，喷嘴内填塞涂了焊膏的银焊料（照片16）。尽量使焊料的体

积刚好吻合喷嘴的内腔。用焊枪加热焊料,然后焊接(照片17)。

(4) 在喷嘴中心部位钻一个直径为1.6 cm的孔洞。打磨掉残留在喷嘴边缘上的焊料(照片18)。

(5) 重新组装燃烧器。首先用管道胶带裹住软管的管口,然后借助螺旋扳手将软管和燃烧器紧紧地旋拧在一起。同样将软管和丙烷罐也紧紧地旋拧在一起,将针型阀和高压调节阀也组装为一体。

(6) 检查每一个接口。将稀释的象牙牌洗洁精(做此试验时必须采用无石油成分的皂液,其他品牌的皂液有可能发生自燃现象!)喷涂在燃烧器的每一个接口处,以此来检查管道的密闭情况。如果接口处出现气泡,则必须进行加固处理并再次喷涂皂液。丙烷有一股难闻的气味,你也可以据此来判断是否有燃气泄漏的情况,但是每当燃烧器的接口被改动时都必须进行细致的检查。

1.2.4 组装窑炉

(1) 在窑炉基座中央位置摆放一圈耐火砖,砖块之间要留有空隙。燃烧器进火口处不得摆放砖块。正对燃烧器的耐火砖起着分流火焰的作用(图例3)。

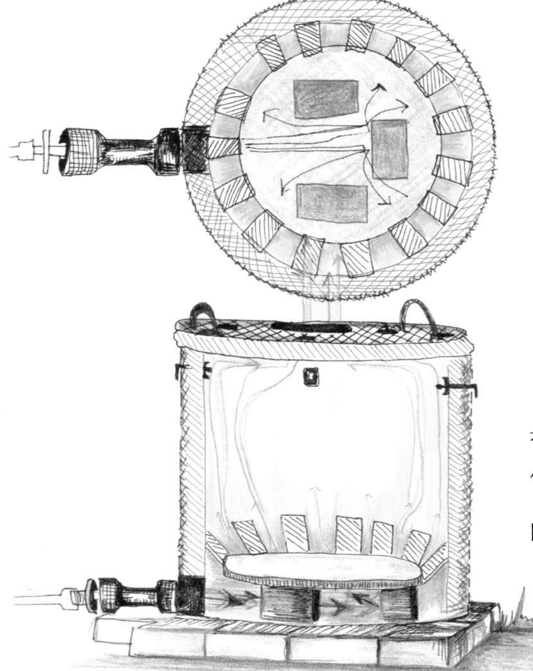

有隔板的乐烧窑会分流火焰的走向,从而使窑内的温度更加均衡。

图例3

佩罗·芬兹(Piero Fenci)
“带有蓝眼睛图案的折纸”,2002年
46 cm×46 cm×36 cm;上开门式砖窑;烧至1 010 ℃;青草快速还原。
哈里森·伊万斯(Harrison Evans)摄影

(2)将那两块已准备好的半圆形硼板放在耐火砖圈上(照片19)。在几块小垫片上放置一条(如果你的作品底座较宽则需要放置两条)硼板(照片20)。

(3)将窑身放置在基座上。

(4)借助钢锯切割数段长2.5 cm的轻质耐火砖小块(照片21)。将上述小砖块倾斜围靠在窑壁上,以便形成一圈防火墙(照片22)。

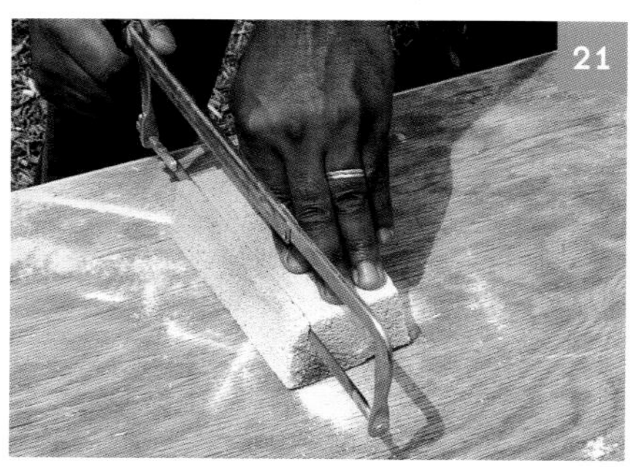

(5)用耐火砖为燃烧器建造一个基座,以便使燃烧器底部保持清洁。在燃烧器下铺一块2.5 cm长的耐火棉(照片23),使燃烧器的口沿与窑身上的燃烧器端口刚好吻合。燃烧器过多地深入窑身内部会影响燃气与氧气的混合比例。

1.3　乐烧的基本原理

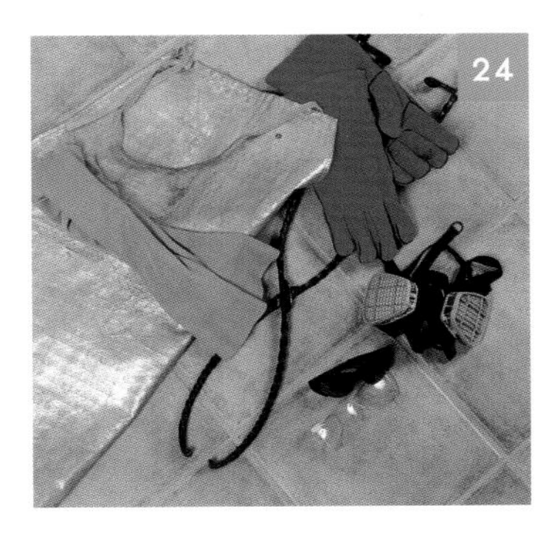

个头较大的带盖铁桶是最佳的乐烧还原容器。实践本书中所讲的任何乐烧方法时都必须佩戴隔热手套、套袖及围裙（照片24）。在未佩戴任何防护性眼镜时不要长时间注视炙热的坯体（医学界已证明这种行为会导致慢性视网膜病变）。詹姆斯推荐广大乐烧爱好者使用焊接防护眼镜，最好是由钕镨化合物制成的镜片。借助铁钳子移动坯体。当浓烟、蒸气或燃气外泄时必须佩戴尺码合适、过滤性能良好的口罩——即便是在室外作业时也是一样。

含沙量较大的坯料更易于成型，抗热震性能也更好。坯料在使用前一定要仔细揉制，以便彻底去除坯料里面残留的气泡，因为气泡会在烧

配方

白色裂纹乐烧釉

80.0	焦硼酸钠
20.0	卡斯特(Custer)长石
100.0	合计
0.5～8.0	氧化锡

成过程中引发坯体开裂。在素烧好的陶罐外表面上喷涂白色裂纹乐烧基础釉(釉料配方见侧栏)。起源于近东地区的最早的乐烧釉料也是碱性釉。碱性釉有利于氧化物质发色,但容易出现裂纹,因此不太适合装饰实用型器皿。但是,其开裂特征特别适用于装饰乐烧作品或者陈设型器皿。当你开始探索乐烧及其还原方法时,你一定会为作品外表面上那些绚丽的效果所着迷。

白色裂纹乐烧釉中的氧化物的比例相对较小。氧化物比例较大的釉料光泽度高、颜色多变,器皿的外表面上容易留下烟雾的痕迹。釉层厚度越薄,釉面裂纹越小。在本书后文中有关釉料和化妆土的章节中收录了很多乐烧釉配方。

你还可以在这个白色裂纹乐烧基础釉中添加着色剂。兰迪・布隆纳克斯(Randy Brodnax)介绍说只要添加0.5%的氧化钴就可以配制出蓝色裂纹乐烧釉;而添加5%的碳酸铜则可以配制出光泽度极佳的古铜色乐烧釉。

瑞格・布朗(Reg Brown)
"被偷走的一代",2002年
33 cm×25 cm×25 cm;抛光炻器;泼洒含锂化妆土并滴洒白色裂纹釉;丙烷、耐火棉、油桶乐烧窑;报纸还原。
汤米・埃德(Tommy Elder)摄影

白色裂纹釉，锯末还原乐烧，由陶艺师保罗·安德鲁·万德莱斯（Paul Andrew Wandless）创作并烧制。

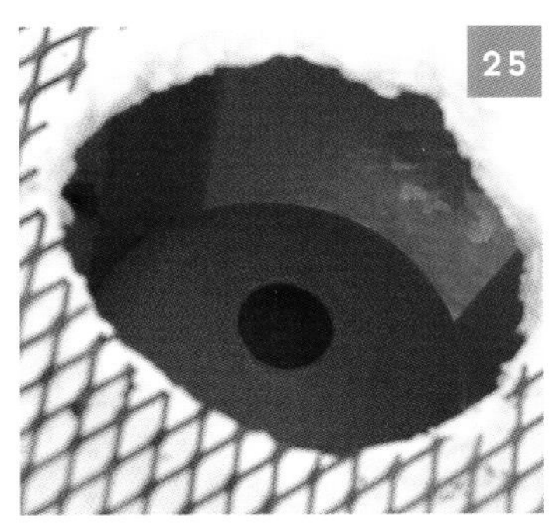

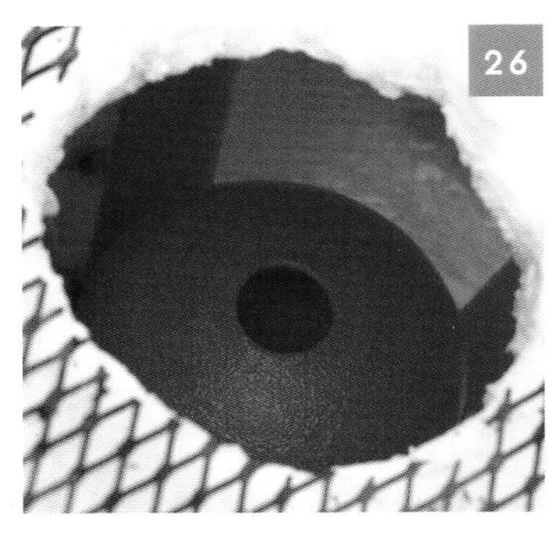

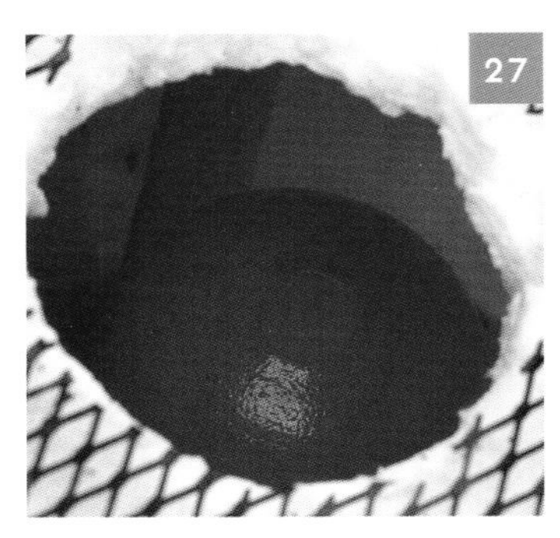

如何乐烧

精彩篇章即将展开。就在你刚刚建造好的乐烧窑炉内，施釉器皿很快便可到达其预定的烧成温度，然后将炙热的坯体从窑炉中夹出来，并迅速放入装满可燃性物质（例如锯末）的容器内，以便形成炭化还原气氛。这种气氛会在未经烧成的泥坯上和开裂釉面上形成大块的黑斑。

可以通过三种方法判断出某种亮光釉是否已经达到其烧成温度。它们分别是通过观察测温计的读数来判断；通过观察测温锥的倾斜状况来判断；通过观察喷涂在坯体表面上的釉面外观的变化来判断。未达到烧成温度的釉面呈哑光效果（照片25）；即将达到烧成温度的釉面会呈现出类似“出汗”的现象（照片26）；而完全达到烧成温度的釉面则显得非常光滑、非常光亮（照片27）。当然对于亚光釉来讲，即便是已经达到了烧成温度，釉面也不会变得光亮，所以在使用这一类釉料时必须要借助测温计或者测温锥才能判断出其烧成温度是否已达标。可以在搭建窑炉的时候用耐火砖在观火口处建造一个平台，其目的是便于放置测温锥。

提示：当采用锯末作为还原物时必须选择质量较好、外壁厚重的容器作为还原窑，因为干燥的锯末在遇到炙热的坯体时极易发生爆炸。

配方

水洗铜乐烧釉

烧成温度为1 010 ℃。温度越高，釉面的光泽度越好。

37.5	碳酸铜
37.5	黑色氧化铜
12.5	3110号熔块
8.3	红色氧化铁
4.2	碳酸钴
100	合计

（1）将文杜里燃烧器上的空气调节盘调至半开状态（第22页图例1）。将测温计的测针插入观火孔（照片28）。

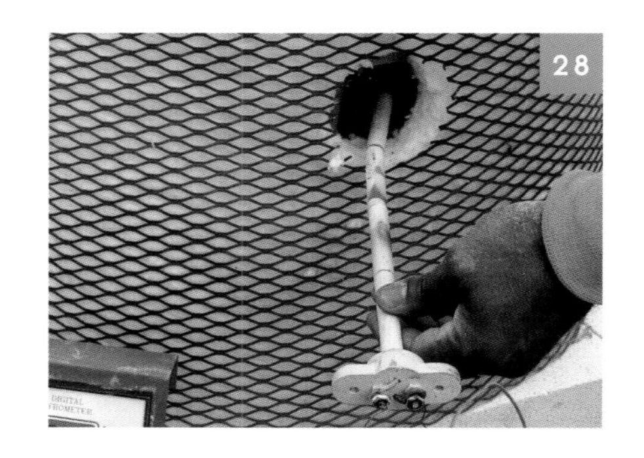
28

（2）在还原桶内铺上一层大约5 cm厚的锯末，再多准备一个轻巧的大容器，里面也要再多储备些锯末以备用。装窑（照片29）。

29

（3）开启燃气罐阀门，关闭针型阀阀门。如果你是独立操作，可以借助丙烷焊枪点燃燃烧器。将焊枪口与燃烧器口相交靠近摆放，使焊枪里的火苗刚好从燃烧器口的正前方通过。点燃焊枪后再打开燃气罐的阀门。记住，当你站在燃气罐旁边时始终要让燃烧器停留在其底座上！缓缓打开针型阀的开关，直到燃气点燃为止。关闭焊枪并将其移开。如果有助手帮忙的话则更容易操作（在具体实施本书中所讲述的每一个步骤前都必须仔细阅读所用设备的使用说明书）。

（4）分三个阶段提升窑温，每个阶段20分钟。

第一阶段：打开燃烧器阀门，让火焰自然“流淌”；必要时可以调节燃烧器上的空气调节盘，当燃气与氧气混合在一起时，火焰会发出嘶嘶声。

第二阶段：加大丙烷的输入量，火焰变长变猛。此时的火焰会发出一种轰鸣声，窑炉内部很快变红。

第三阶段：缓缓增加丙烷的输入量，直到测温计的读数表明窑内温度已经达到釉料的熔融温度为止（如果你使用的是测温锥，则需要经过反反复复的实践和失败才能最终掌握对火候的控制；你也可以通过前文所讲的目测方法判断窑温是否已达到预定的烧成温度）。达到烧成温度后借助铁钳子将器皿从窑炉内夹出来（照片30）。

（5）将炙热的坯体放到还原窑中，并在坯体上面覆盖一层例如锯末之类的可燃性物质。当这层燃料接触到炙热的坯体时，瞬间便会燃烧。往坯体上快速覆盖些燃料以便将明火焖住。

（6）当还原窑冷却下来以后将坯体从中取出（照片31）。借助尼龙抹布抹去坯体表面上残留的灰烬（照片32）。

小贴士

在素烧坯体的外表面上饰以水洗铜釉料可以烧制出具有独特肌理效果的乐烧作品。采用不同的可燃性物质进行还原试验，例如干花、松针，以及稻草。每种可燃性物质与铜、铁、钴等化学物质混合反应时，都会产生不同的、奇妙的釉面外观效果。

1.4 几种个性化的乐烧还原技法

西方的陶艺师采用各种物质和各类具有创造性的方法进行乐烧还原试验。这里将介绍7种个性化的快速烧成方法，它们可以在器皿的外表面上形成十分有趣的外观效果。

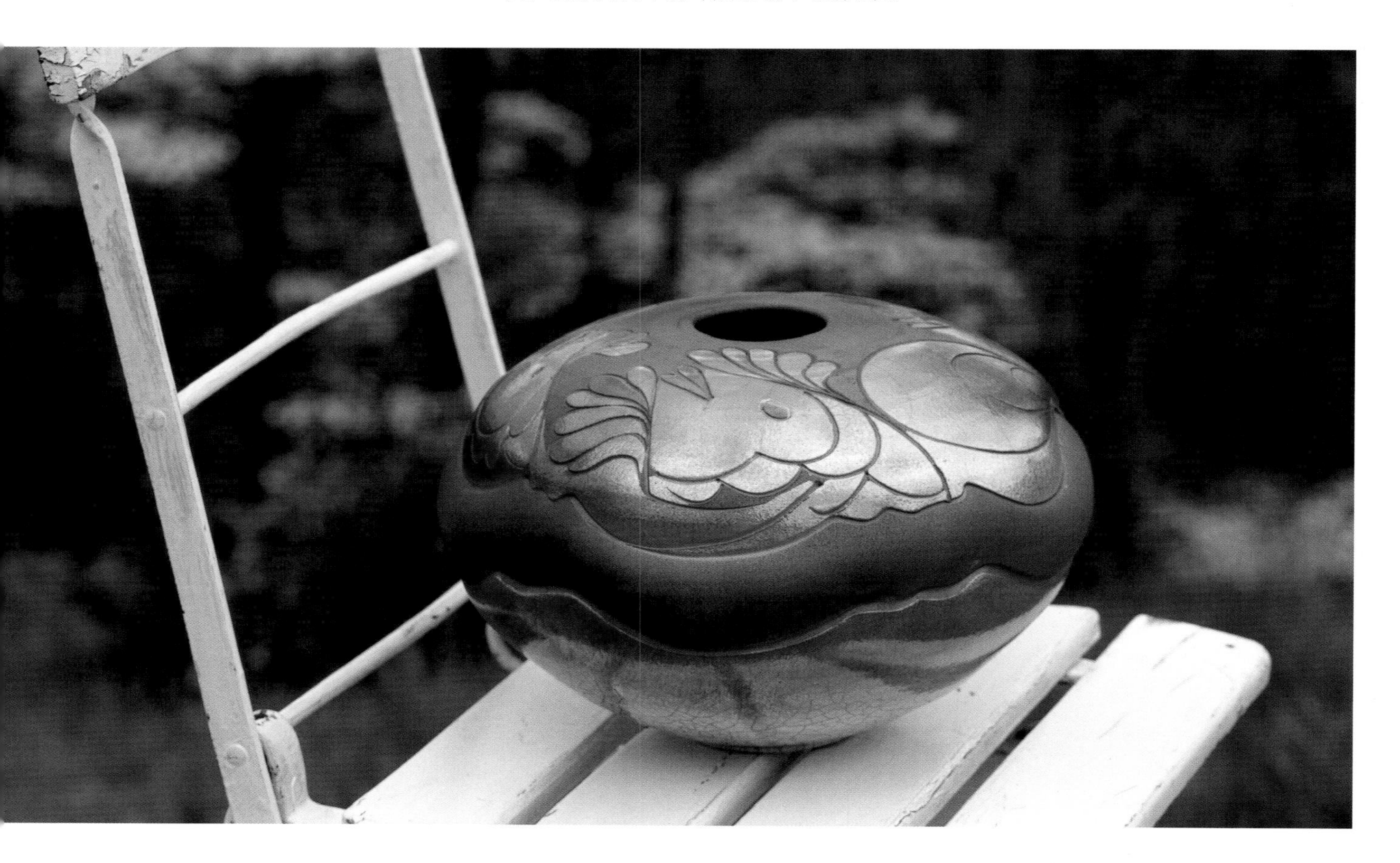

白色裂纹釉，氯化铁还原乐烧，由陶艺师兰迪·布隆纳克斯（Randy Brodnax）创作并烧制。

1.4.1 琥珀色氯化铁还原乐烧

氯化铁是一种铁溶剂，可以作为一种乐烧釉料使用，不但会为作品表面增添一种类似铁锈或琥珀的颜色，还能在不改变基础釉料配方的前提下（无论其是否开裂、是否有肌理或者是否透明）增强釉面的光泽

理查德 · 希尔兹（Richard Hirsch）
“圣坛碗30号”，2001年
37 cm × 41 cm；低温釉下饰以彩色赤陶化妆土；多次柴窑乐烧；氯化铁溶液或硫酸铜烟熏。
乔夫 · 泰兹（Geoff Tesch）摄影

度。在颜色较浅的釉料表面上喷涂一层薄薄的氯化铁可以在釉面表层形成非常浓烈的光泽感；而在颜色较深的釉料表面上则需要喷涂相对较厚的氯化铁层才能达到相应的外观效果。兰迪 · 布隆纳克斯（Randy Brodnax）不但演示了如何在有色乐烧釉表面上喷涂氯化铁溶液，以便得到具有光泽感外观的技法，他还介绍了如何利用诸如报纸这一类简单的日常生活用品进行创造性的烟熏乐烧方法。

氯化铁溶液又叫腐蚀铜，对人的眼睛、皮肤和肺脏都有腐蚀性。在端拿、使用和存储时都必须严格按照厂家所提供的使用说明书谨慎操作。你可以从网上下载或者直接向其生产厂家索要《化学品安全说明书》。

白色裂纹釉与氯化铁溶液搭配使用时可以产生极佳的釉面效果，当然不同的釉料和不同厚度的氯化铁溶液搭配使用时亦会生成不同的釉面效果。多做试验以便找寻到那种最能打动你的乐烧效果。试验的次数越多，你积累的经验就越多，同时你对釉料及乐烧颜色的控制能力也就越强。本书“附录1釉料、化妆土和着色剂”中会介绍大量乐烧釉料配方。

材料和工具

素烧坯
工作台或矮凳子
铁质陶艺转盘
2块轻质耐火砖
报纸
浸满水的大毛巾
铁夹子
氯化铁溶液（30 mL氯化铁混合240 mL水）
2把一次性喷壶，可以在五金店购买氯化铁
软布

操作指南

提示：当你移动炙热的坯体或者往坯体外表面上喷涂氯化铁溶液时必须佩戴必要的安全防护设备，包括口罩、套袖，以及隔热手套。

（1）在窑炉附近设置一个工作台，并在上面放一个陶艺转盘。在转盘上放一层耐火窑砖，这些窑砖可以防止坯体底部的温度过快流失。在窑砖上放几层报纸，报纸的尺寸要比坯体的最大直径大出12.7～15.2 cm。多准备一些报纸和一条浸满水的毛巾以备用。

（2）将乐烧窑中的坯体烧至釉料熔融温度（927 ℃）。达到烧成温度后，借助铁钳子将炙热的坯体移至转盘上。

（3）从距离10.2～12.7 cm的地方均匀地往炙热的坯体上喷涂氯化铁溶液（照片33）。片刻之后，你就可以看到氯化铁溶液在坯体上留下铁锈般的颜色。坯体的温度越高，所形成的颜色越深。随着坯体温度的逐渐下降，氯化铁所形成的颜色也会从深棕色渐渐转化为橙黄色，最后淡化为黄色。继续往坯体上喷涂氯化铁溶液，大约1分钟之后你就可以得到想要的颜色。直到最后一个步骤之前，坯体都必须保持一定热度（593～816 ℃）。

33

（4）喷完氯化铁溶液后就可以摘下口罩了。借助铁钳子将坯体夹到报纸上（照片34），再往坯体上面多放几张报纸，当报纸遇到炙热的坯体后会立刻燃烧起来（照片35）。报纸很快就会烧光，燃烧时冒的浓烟会加深坯体的颜色，并在其表面上形成裂纹效果。让报纸持续燃烧几分钟。当旧报纸化为灰烬时，立刻再往坯体上扔几张新报纸，然后用浸满水的毛巾包裹住坯体（照片36），以便熄灭火焰和冷却坯体（毛巾会冒烟，但不会燃烧）。

理查德·希尔兹（Richard Hirsch）
"圣坛碗20号"，2001年
36 cm×50 cm×22 cm；低温釉下饰以彩色赤陶化妆土；多次柴窑乐烧；氯化铁溶液烟熏。
乔夫·泰兹（Geoff Tesch）摄影

34

35

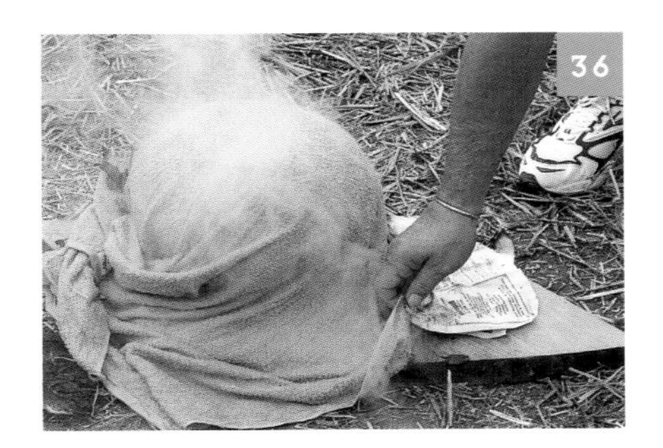
36

37

（5）几分钟之后移开毛巾，让坯体自然冷却（照片37）。

（6）当坯体完全冷却后，用一块软布擦净坯体上面残留的灰烬。

素烧坯马尾还原乐烧，由陶艺师顿・埃里斯（Don Ellis）创作并烧制。

1.4.2 高对比马尾还原乐烧

顿・埃里斯（Don Ellis）展示了如何利用马尾在由赤陶化妆土装饰的素烧坯体上作出还原的效果。这种还原方法可以在坯体表面形成黑白对比十分强烈、非常清晰且抽象的图案。马尾遇到炙热的坯体后会立刻燃烧并在坯体表面留下抽象画般的线条，而在你拖拽马尾的过程中所经过的区域内也会遗留下灰色的烟熏痕迹。

马尾还原乐烧适用于任何一种素烧坯体，比如表面喷涂了瓷器釉料的器皿或者素烧瓷质器皿均可。在正式乐烧之前需要在窑炉附近准备一个工作台，在台面上放一个陶艺转盘和一些马尾。如果你没有专门用于乐烧的窑炉，那么用电窑代替也可以。在马尾还原乐烧的过程中不会产生很大的烟雾，所以如果你不介意马尾遇热时产生的奇怪味道的话，你甚至可以在室内做这种烧成试验。

操作指南

（1）在窑炉附近设置一个工作台，并在台面上放一个陶艺转盘。在转盘上放一层耐火窑砖，这些窑砖可以防止坯体底部的温度过快流失。

（2）将器皿放在一块硼板上，让器皿处于窑炉烟道口的正下方，并使其顶端与窑盖的距离保持在15.2 cm左右。如果器物的个头较小，则需要借助一些轻质耐火砖将硼板垫得高一些。当烧成温度达到927 ℃时，检查一下器皿的表面以便判断釉面温度是否已达到乐烧要求。顺着烟道口往器皿表面上撒几粒砂糖。如果砂糖立刻燃烧并留下黑色的印记，则说明可以将器皿移出窑炉了（照片38）。等砂糖留下的痕迹彻底消失后就可以将器皿移出窑外了，整个过程需要几秒钟。

38

（3）借助铁钳子将炙热的坯体夹出窑炉并将其放在陶艺转盘上。将铁钳子放在一旁，摘下手套并戴上口罩，因为在接下来的步骤中马尾会散发出一些烟雾。马尾燃烧时所散发出的气体对人体无害，味道却不太好闻。

（4）抓住马尾的一头，让其缓缓地接触坯体的“肩部”位置（照片39）。燃烧的马尾会在坯体的外表面上留下灰黑色的痕迹。使用一根或者多根马尾可以在坯体表面上形成极富变化的图案效果（照片40）。

（5）还可以在坯体的外表面上撒一些砂糖粒（照片41），可以

39

40

41

刻意撒落出一定的图案，也可以一边撒糖一边转动转盘，让其形成自然的效果，总之根据自己的设计率性而为就可以啦。

（6）往器皿内扔一块纸巾（照片42），纸巾燃烧时冒出的烟雾可以熏黑器皿的内壁。等到器皿完全冷却之后，用一块软布擦去其表面上残留的灰烬。

42

材料和工具

可以向牧民索要马尾，或者到有销售马尾饰物的工艺品店购买

素烧坯（其表面是否喷涂过黏土化妆土均可）

工作台

铁质陶艺转盘

2块轻质耐火砖

砂糖

铁钳

马尾

纸巾

软布

素烧坯马尾、羽毛还原乐烧(器皿表面喷涂氯化铁溶液),由陶艺师兰迪・布隆纳克斯(Randy Brodnax)创作并烧制。

1.4.3 铁锈红色还原乐烧

兰迪・布隆纳克斯(Randy Brodnax)喜欢尝试各类材料创作出自然的乐烧效果。在这一节中他将向我们演示如何利用前文中提到的氯化铁还原乐烧和马尾还原乐烧技法混合烧制出极具个性化的陶艺作品。这种混合乐烧方法可以在未经烧成的泥坯表面上形成从铁锈红色至黑色的多重颜色变化。反复试验氯化铁还原乐烧,始终铭记不同的釉料和氯化铁溶液相互反应时会产生的不同外观效果。很多可燃性物质,例如嫩树枝、叶子、花朵等都会在接触到炙热的坯体时立即燃烧,并在接触面上遗留下美丽、鲜明的还原痕迹。

操作过程中必须佩戴防护性极好的口罩,以便阻隔氯化铁溶液散发的气体。回顾前文中讲述的"琥珀色氯化铁还原乐烧",严格遵守其安全操作须知并准备所需的工具。

操作指南

（1）首先实施马尾还原乐烧的步骤1和步骤2。在将坯体放在转盘上之前往转盘上放置一些厚纸巾可以熏黑坯体的下部。往坯体上撒一些砂糖（照片43）。

43

（2）借助钳子往坯体的外表面上放置一片羽毛（照片44）。依照马尾还原乐烧的步骤4往坯体上放置一些马尾（照片45）。

44

（3）往坯体的外表面上喷涂一些氯化铁溶液（照片46）。喷涂的

45

46

遍数越多，所形成的颜色越深。既可以通体喷涂，也可以局部喷涂。

（4）往坯体里扔一张纸巾可以加深器皿的内部颜色（照片47）。

（5）在坯体的外表面上浇一杯水可以使其快速冷却。

47

材料和工具

饰以乐烧釉的素烧坯
厚纸巾
铁质陶艺转盘
砂糖
铁钳
羽毛
马尾
2块轻质耐火砖
2把一次性喷壶，可以在五金店购买氯化铁
氯化铁溶液
纸巾
1杯水

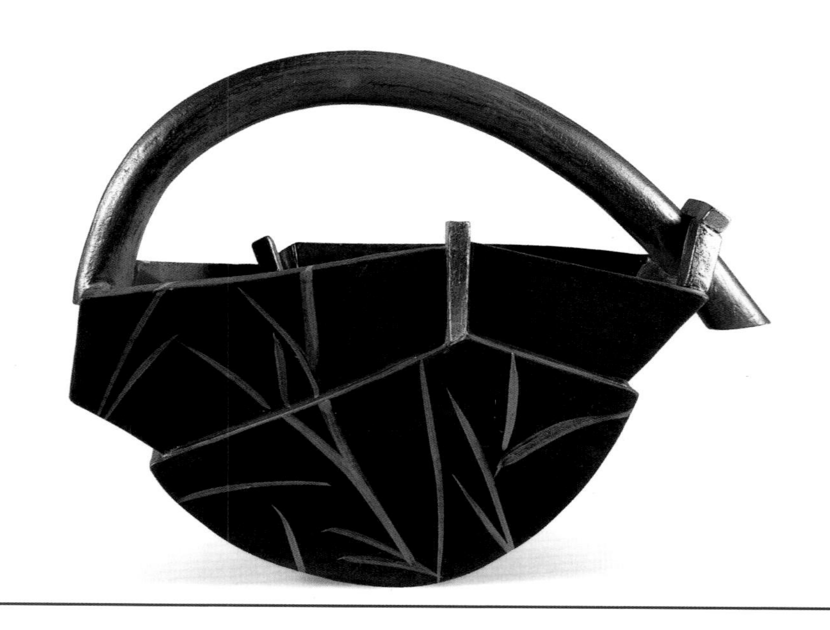

珍妮·比尔莱（Jennie Bireline）
"篮子"，1997年
24 cm×33 cm×7 cm；陶器；赤陶化妆土；丙烷柴窑乐烧；烧成温度为1 082 ℃；潮湿锯末短暂烟熏；金水。
乔治·比尔莱（George Bireline）摄影

卡恩·海布瑞（Karen Hembree）
"红陶瓶"，创作日期不详
44.5 cm×16.5 cm×16.5 cm；赤陶化妆土抛光；采用美国奇迹植物肥公司（Miracle-Gro）的产品、硫酸亚铁、碳酸铜、锯末、干草和小灌木进行坑烧。
马克·斯维德（Mark Swindler）摄影

1.4.4　赤陶化妆土还原乐烧

赤陶化妆土是一种研磨得非常细密的黏土水溶物。赤陶化妆土的适用性和在坯体表面上的附着力都很强，不仅适用于素烧坯，还适用于未经烧成的泥坯。既可以借助刷子或喷枪为坯体施赤陶化妆土，也可以往坯体的外表面上倾倒赤陶化妆土，甚至可以将坯体直接浸到赤陶化妆土里。待坯体外表面上的赤陶化妆土彻底干透后，你可以借助一些工具为其抛光，以便创造出一种如丝绸般光滑、富有光泽的外观效果。

赤陶化妆土的起源

赤陶化妆土这个名称起源于拉丁文，原意是"密封泥土"。几千年来，赤陶化妆土都被用作陶瓷器皿的外表面装饰，其作用近似于釉料。经典的希腊红绘陶器和黑绘陶器、罗马赤陶，以及美洲土著居民的抛光黑陶都是最早的赤陶化妆土应用实例。这种借助赤陶化妆土装饰陶器的方法广泛应用于意大利和其他原属罗马帝国领地，以及南美等地。

希腊的红绘陶器和黑绘陶器举世无双。窑工先烧还原气氛使赤陶化妆土呈现出黑色，在烧成的最后阶段再次烧氧化气氛。器皿上没有绘制赤陶化妆土的部分在二次氧化的时候由黑色变为红色。因为这种陶器所用的坯料和外表面装饰出自同一种黏土，所以两者的结合状况良好。

贝希亚·埃德曼(Bacia Edelman)
“薄口球形瓶”,创作日期不详
46 cm×36 cm×36 cm;010号测温锥电窑素烧;借助喷枪喷涂赤陶化妆土;钻孔铁桶稻草、锯末还原。
陶艺师本人摄影

配制赤陶化妆土

黏土和水混合之后需要放置于某处沉淀一段时间(沉淀时间的长短按照情况而定),其间不可以搅动。经过一段时间的沉淀之后,赤陶化妆土会分成上中下三层:水;赤陶化妆土;最底层则是厚厚的黏土层。在上述三层沉淀物中只有中间的那层赤陶化妆土可以使用。

混合物

一个3.8 L的透明玻璃或塑料带盖瓶子

两只碗

透明软管

(1)将球土、EPK高岭土和水混合在一起。

(2)一滴滴地加入硅酸钠溶液。将混合物倒进瓶子并盖上盖子。让它沉淀4天时间。

(3)将瓶子放到高处,瓶底的高度要超过那两只空碗,移动瓶子时要格外小心,千万不要晃动里面的沉积物(照片48)。

(4)往软管内注满水并用你的拇指按住软管的两端。将软管的一端缓缓地插入沉淀物的最上层并松开拇指。放低软管的另外一端,使其处于一只空碗的上部并松开拇指。当沉积物最上端的水全部顺着软管流到空碗里之后,将软管末端移到第二只空碗上(照片49)。赤陶化妆土很稀薄。丢弃沉淀物的最下面一层。

配方

1号赤陶化妆土
适用于素烧坯或者未经烧成的素坯

205.5 g	球土
172.5 g	EPK高岭土
2.4 L	水
30 ml	硅酸钠溶液

素烧坯赤陶化妆土抛光乐烧；锯末还原，由陶艺师詹姆斯·沃特金斯(James C. Watkins)创作并烧制。

1.4.5 青铜黑色还原乐烧

烧制这种乐烧作品需要在素烧坯体上喷涂赤陶化妆土。还原过程中使用的各类干燥有机物会使坯体表面呈现出非常亮丽的无釉青铜黑色，并且那些有机物还会留下一些印记。

如何烧制

（1）借助刷子（照片50）或喷枪（照片51）在器皿的外表面上喷涂一层薄薄的赤陶化妆土。涂层太厚的话会在烧成后剥落。用一块软布或羊皮轻轻抛光赤陶化妆土的表面，直到其发亮为止（照片52）。当

51

50

52

然，如果你只想追求一种亚光效果，则不必将赤陶化妆土表面抛光。

（2）在还原桶内铺一层5 cm厚的锯末或者其他类型的可燃性物质。上述原料会在还原过程中在赤陶化妆土的表层上留下印记。

（3）将坯体入窑烧成（照片53）。赤陶化妆土的烧成温度介于927～1 010 ℃。

53

（4）借助铁钳子将炙热的器皿从窑炉中夹出来并将其放进还原桶中（照片54）；锯末会在遇到炙热坯体的一刹那燃烧起来。往坯体上多覆盖些锯末（照片55）并盖上桶盖（照片56）。

54

55

56

（5）让器皿在还原桶中多放一段时间，直到温度完全降下来为止（照片57），最后擦净器皿外表面上残留的灰烬。

57

材料和工具

素烧坯
黏土化妆土
刷子或喷枪
软布或羊皮
锯末或其他可燃性物质
带盖金属桶
铁钳子

亚光水洗铜酒精还原乐烧，由陶艺师顿·埃里斯（Don Ellis）创作并烧制。

1.4.6 亚光水洗铜酒精还原乐烧

材料和工具

- 不锈钢碗
- 大铁桶或者其他容器
- 足够掩埋不锈钢碗的沙子
- 耐火玻璃碗
- 松针

陶艺师顿·埃里斯(Don Ellis)将医用酒精喷洒在刚刚出窑的炙热的水洗铜素烧坯体外表面上，便烧制出了这种外观效果极为绚丽的还原乐烧作品。酒精会在还原气氛中呈现出绚丽多彩的图案。因为埃里斯所用的窑炉很特别，所以他能随时观察坯体表面的变化，并适时往坯体上喷水以改变其外观效果。

埃里斯向广大乐烧爱好者推荐贾斯科牌树脂胶(Jasco Silicone Grout Sealer)。这种树脂胶不但可以有效防止铜元素的二次氧化,而且每隔半年使用这种树脂胶和清水清洗坯体的外表面还能进一步加固铜元素的牢固性。

58

建造还原仓

还原仓包括两个部分:一个大小适中、配有透明玻璃盖的不锈钢盆,将其口沿埋入装满沙子的大钵内(图例4)。照片58中记录了一些可供参考的方案。对于小件作品而言,使用耐火玻璃碗即可。对于大件作品来讲,借助耐高温汽车密封胶在浴缸上或陶质大桶上黏一只大碗就可以了。

59

掩埋大碗的沙子要与碗口齐平,碗内也必须放置一些沙子。这些沙子可以防止还原仓内的温度过快流失。此外,在最外层大钵的底部也要垫一些沙子,它们可以起到抗热震和提供更多平衡的作用。在大碗内放一把松针,它们不仅会在坯体的底部留下非常有趣的纹理,而且会在烧成的过程中消化掉更多的氧气,从而在坯体接触面上创造出更加纯正的强还原效果(照片59)。

埋在沙子里的简易还原仓由一个玻璃碗和一个不锈钢碗相扣组成。

图例4

尼克·德兹隆（Nicole Dezelon）
“高瓶子（1号和2号）”，2002年
43 cm×14 cm×8 cm；蛋壳乐烧，铜红釉，防蚀蜡；07号测温锥还原烧成；铁桶还原。
陶艺师本人摄影

如何烧制

将所需物品准备妥当，以确保在将坯体从窑炉中移到陶艺转盘上，转而再移到还原仓内的过程一气呵成，操作过程的连贯性十分重要。在烧制的过程中，最好找个助手帮助你实施上述步骤。

（1）在素烧坯的外表面上喷涂一层薄厚适中的水洗铜溶液。坯体上的涂层厚度如果太厚的话会呈现出开片效果。

（2）将器皿烧至954 ℃。由于水洗铜的颜色较深，因此很难透过观火孔看清其变化，最好使用测温计或者测温锥，以确保烧成温度的精确性。准备一个陶艺转盘或者一张矮凳。借助铁钳子将炙热的坯体从窑炉内移出来（照片60），并立刻将其放置在转盘上。

（3）一边缓缓地转动转盘，一边借助园艺喷壶在坯体的外表面上均匀地喷洒一层酒精。在喷洒酒精的过程中让转盘持续转动非常重要。这样做可以在器皿的外表面形成一层均匀的涂层。

提示：酒精接触到炙热坯体的一刹那会燃烧（照片61）。在酒精燃烧的过程中操作者一定要留在坯体附近，但切勿靠得太近。铜元素会在酒精燃烧的过程中短时间呈色，在酒精完全烧尽时再次转变为黑色。

（4）每隔5秒钟往坯体上喷洒一次酒精，多喷几次。每次喷洒酒精，你都可以在坯体周围看到一圈光晕，但是随后光晕就会消失：光晕起初呈红色，然后转变为蓝色，最后转变为紫色。在喷洒酒精的过程中持续转动转盘。在喷涂了6～9层酒精之后，坯体的外表面会呈现出紫色光晕。当坯体表层出现此迹象时说明酒精涂层的厚度足够了。

（5）借助铁钳子将器皿移到不锈钢碗中。在坯体表层上撒上一把松针，让松针持续燃烧一会儿（照片62）。将玻璃盖子盖到不锈钢碗上，并立刻用沙子紧紧封住上下两只碗的接缝处（照片63）。

62

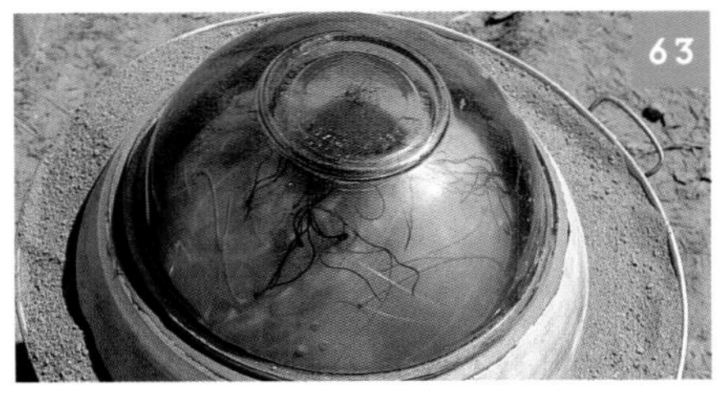
63

（6）大约经过10秒钟，还原仓中的氧气就会烧尽，坯体开始呈现出紫色。1分钟之后器皿通体呈现出铜的颜色，轻轻掀开玻璃盖子的一端并快速向作品表面喷洒酒精，然后快速盖上玻璃盖子并再次用沙子封住上下两只碗的接缝处。当酒精烧尽时，坯体的外表面上会呈现出红色、蓝色和紫色（照片64）。

（7）当坯体的温度降下来一些以后（小件坯体降温需要8～9分钟，大件坯体降温需要13～14分钟），你可以轻轻地掀开玻璃盖子的一侧放一些空气进去，这样做可以改变坯体表面的呈色。背对玻璃盖子开口处的坯体表面会呈现出斑斓的色泽。在坯体降温的某个特定阶段，你可以看到其上缓缓呈现出从橙色到紫色等一系列的颜色变化，这是二次氧化的结果。如果坯体的温度太高，其外表面会快速转变为黄色；如果坯体的温度降得太低，器皿的表面则会保持铜的颜色或者只呈现出微微的橙色和紫色。

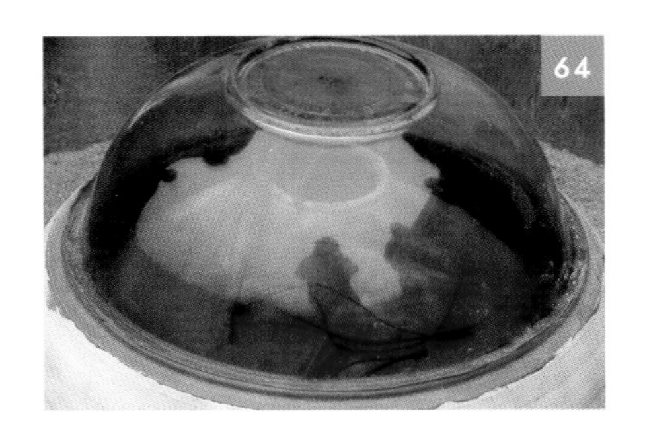
64

（8）借助铁钳子将坯体放回到陶艺转盘上。立刻往坯体的外表面上喷洒清水以便将颜色固定住（照片65）。

65

（9）待坯体完全冷却之后，在其表面上涂抹树脂胶，以便更加长久地保存住颜色。

配方

用于酒精还原乐烧的水洗铜

烧成温度为954 ℃。水洗铜的外观效果在未达到烧成温度之前看起来比较粗糙。

36	碳酸铜
36	黑色氧化铜
16	3110号熔块
8	红色氧化铁
4	碳酸钴
100	合计

材料和工具

素烧坯
水洗铜釉料（配方见侧栏）
喷釉枪
测温计或者06号测温锥
铁钳
金属陶艺转盘
工作台或者矮凳
抽吸式园艺喷壶，可以在家居用品店购买※
91%医用酒精
装满清水的喷壶
贾斯科牌树脂胶（Jasco Silicone Grout Sealer）

※ 只有这种园艺喷壶才有足够的压力，能快速地为坯体外表面着色。

素烧坯表面上氯化锡、金属丝烟熏乐烧，由陶艺师詹姆斯·沃特金斯(James C. Watkins)创作并烧制。

1.4.7 光泽彩烟熏乐烧

光泽彩烟熏乐烧是一种借助氯化锡(一种金属盐)蒸气熏制坯体的乐烧方法，在还原的过程中加入氯化锡可以使坯体表面呈现出旋转的光泽。彩虹般的釉色总是十分受欢迎，而且由这种乐烧方法创造出来的亮丽颜色并不会随着时间的流逝而消退。光泽彩烟熏乐烧起源于玻璃吹塑工艺，金属盐类物质会在玻璃的表面上凝结成一层亮丽的光泽彩。1969年，陶艺师彼兹·利特尔(Biz Littell)开始使用氯化锡进行光泽彩烟熏乐烧试验。他用这种方法熏制外表面上喷涂了金、铂金，以及其他贵金属的坯体，日本陶艺师桥本千夜子将这种乐烧作品命名为“湖西烧”(由日文“光的色泽”演化而来)。

詹姆斯·沃特金斯(James C. Watkins)将为广大陶艺爱好者演示如何在由商业金属釉料装饰的器皿表面上进行光泽彩烟熏乐烧的方法。如果在金属釉料的表面上喷涂贵金属涂层，那么较之单纯使用氯化锡而言，前者能生成更加丰富的色彩和更加华丽的光晕。如果你偏好于亚光效果的釉料，那么可以在“附录1釉料、化妆土和着色剂”中参考使用由彼兹·利特尔(Biz Littell)自创的光泽彩烟熏乐烧釉料配方。后文还将介绍如何借助黏土匣钵熏烧金属釉底釉,由彼兹自创的亚光釉面釉装饰的器皿。

由于光泽彩烟熏乐烧将用到含有剧毒的金属盐类物质,在烧成之前做好充分的防护措施十分必要。必须佩戴配备酸性气体过滤盒的面罩;一定要在室外实施这种烧成试验。光泽彩烟熏乐烧可能需要你一遍遍反复进行试验,但是试验的结果将证明你的辛苦绝对没有白费,那美丽而又隽永的釉面效果简直堪比雨后绚丽的彩虹。

借助乐烧窑熏制作品

(1) 04号测温锥烧成,然后让坯体完全冷却。如果你不想使用光泽彩或者金属丝的话,就让坯体冷却到427~482 ℃,之后按照步骤5中的提示进行操作。使用测温计,以便确保烧成温度的精确性。

(2) 借助金属丝在器皿的外表面形成图案。按照你的设计剪切金属丝并将其摆制成一定的样式。将金属丝摆放在釉烧过的器皿表面上(照片66)。金属丝的烧成温度范围介于金和铂金光泽彩之间。

66

(3) 利用喷壶将光泽彩喷涂到器皿的外表面上(照片67)。

67

(4) 将器皿放进窑炉中,并在器皿两侧面对面摆放两块耐火砖。019号测温锥烧成后让坯体的温度渐渐降至427~482 ℃。

(5) 揭开窑盖。在两块炙热的耐火砖上倾倒一些氯化锡(照片68)。氯化锡遇到炙热的坯体时会立刻散发出蒸气,而这些蒸气会在器皿的表面上形成彩虹般的幻彩效果。过多的氯化锡会在彩虹的表面形成一层白色薄膜。再次盖上窑盖。

材料和工具

素烧坯
邓肯SY553号古铜色釉料
测温计
金属丝
铁钳
019号测温锥
喷壶
金或铂金光泽彩(两者任选其一)
铁钳子
2块硬质耐火砖
在塑料杯内放3汤匙(55 g)氯化锡

彼兹·利特尔(Biz Littell)
“秋雾系列”,1999年
46 cm×27 cm×27 cm;金色光泽彩熏制“湖西烧”。
陶艺师本人摄影

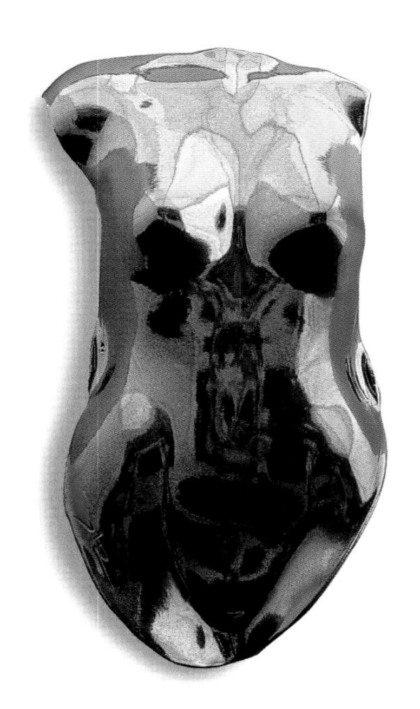

彼兹·利特尔(Biz Littell)
“铂金躯干”,创作日期不详
81 cm×46 cm×25 cm;金色光泽彩熏制“湖西烧”。
陶艺师本人摄影

(6)待氯化锡在窑炉内的时间超过1分钟,半掩窑盖以便释放出部分蒸气(照片69)。大约需要1分钟的时间蒸气才能彻底消散。盖上窑盖并让窑炉彻底冷却。此时,器皿表面上的光泽彩已经清清楚楚地呈现出来了(照片70)。

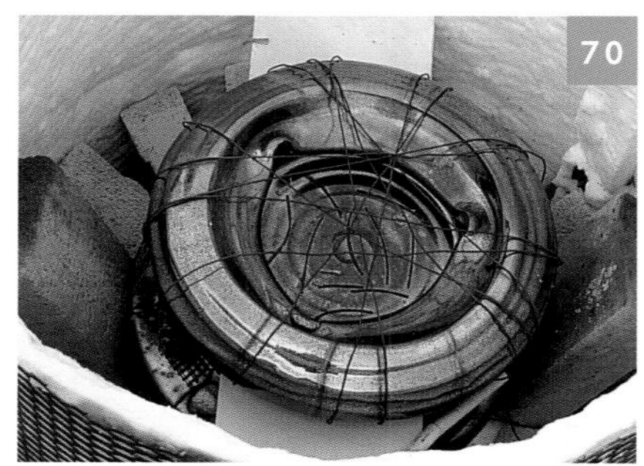

小贴士

氯化锡具有一定的腐蚀性,但是据詹姆斯所讲,他借助电窑烧制氯化锡光泽彩烟熏乐烧的时间已经长达2年了,而窑炉并无明显的损伤。

还可以在沙子上实施氯化锡光泽彩烟熏乐烧。当坯体和耐火砖达到理想的烧成温度后,将它们夹出窑炉并放在沙子上。往炙热的耐火砖外表面撒氯化锡,然后用金属或者陶质器皿盖住整个器皿。烧成完成。

在完成了氯化锡烟熏步骤之后,往依然炙热的坯体外表面上覆盖一层干燥的可燃性物质可以达到还原的效果。这样做可以令坯体上未施釉的部分呈现黑色。

素烧坯低温食盐烟熏乐烧，由陶艺师詹姆斯·沃特金斯（James C. Watkins）创作并烧制。

1.4.8 低温食盐烟熏乐烧

詹姆斯·沃特金斯（James C. Watkins）曾在北京做过一次讲座，当时有个学生向他请教低温食盐乐烧与西式乐烧的差别。他回答说这两种乐烧方法都使用到可燃性物质，而且这两种技法都会在器皿的外表面形成变幻莫测的图案和颜色变化。两者之间还有一个共同点就是在烧成过程中所获得的欣喜感。低温食盐乐烧使用多种含盐可燃性物质，这

詹姆斯·沃特金斯(James C. Watkins)
“双层碗(守护者系列)”,2003年
22.9 cm×43 cm;革黄色赤陶化妆土;金属匣钵,烧成温度为630 ℃;食盐和用硫酸铜浸泡过的西班牙苔藓。
荷西·沃马克(Hershel Womack)摄影

些成分会在器皿的外表面上形成强烈的、暖色调相互叠压的色斑。层层色斑形成了视觉上的立体感,也使器皿呈现出极高的美感。由于低温食盐乐烧和西式乐烧具有发明和探索的特质,所以极其诱人。

高温食盐乐烧起源于12世纪的德国。这种乐烧方法是在烧成的最后阶段往窑炉内投掷食盐。食盐遇到炙热的坯体后会立刻散发出蒸气,并在器皿的表面形成一层薄薄的釉面。很多现代日式备前烧器皿都是将坯体浸入海藻液或是用绳子包裹的,而那些海藻和绳子都是事先浸入盐水中然后用以装饰和入柴窑烧成的。含盐灰烬与坯料中的二氧化硅发生反应,并在坯体的外表面上形成绚丽多姿的暖色调图案。

而低温食盐乐烧只需在乐烧窑内用耐火砖搭建一个围栏即可,烧成温度为880～1 070 ℃。这样的烧成温度显然低于高温食盐乐烧或者备前烧。如果低于012号测温锥的烧成温度,食盐就有可能不会蒸发;相

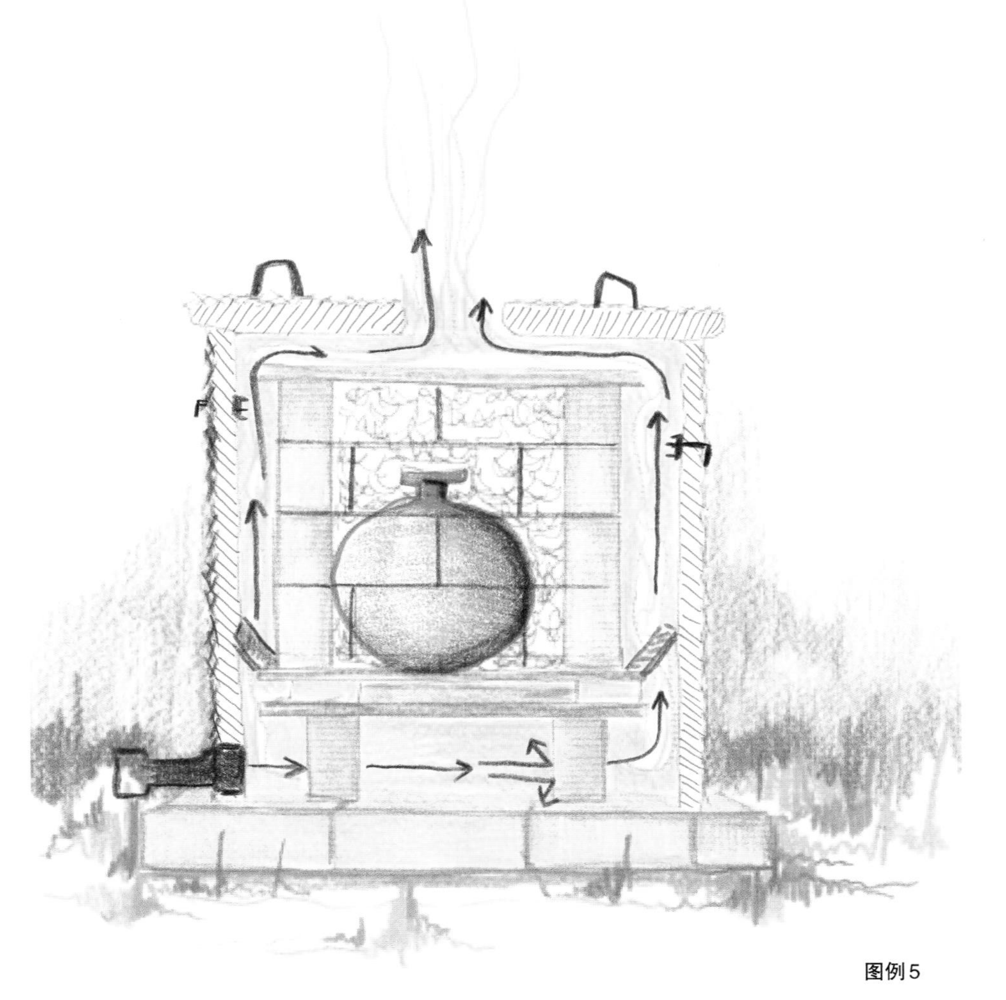

图例5

可以在乐烧窑炉内搭建一个留有空隙的耐火砖圈，以作为低温食盐烟熏仓。

反，一旦高于04号测温锥的烧成温度，食盐就会烧尽并在器皿表面留下深棕色的痕迹。让含盐可燃性物质紧紧地接触器皿表面才有可能烧制出最佳的釉面效果。用含盐可燃性物质包裹坯体的过程非常麻烦，其中一个方法就是利用铁丝网或者陶瓷纤维将器皿包裹住。

用于装饰低温食盐乐烧坯体的方法有很多。例如素烧之前在坯体的外表面绘制一些简单的图形、倾倒化妆土、涂抹赤陶化妆土或者施釉。食盐和氧气可以使坯体的外表面呈现出绚丽的色泽。装饰素烧坯的方法有很多种：喷涂、涂抹、绘画、泼洒或者用可燃性物质铺垫、覆盖器皿。硫酸铜是一种无机盐，就像食盐和其他类型的盐类物质一样，硫酸铜亦会在坯体的外表面形成从粉色、黄色到橙色的颜色变化。经实践证明，其他可以用来实施此类乐烧的盐类物质还包括：岩盐、硫酸镁、锂、高钾蔬菜、化肥、碳酸铜、硫酸铜、锌粉末。使用多种有机物或者商业原料，例如海藻、

材料和工具

素烧坯

耐火砖

5.1 cm × 5.1 cm的硬木块

300 g食盐

氯化铁溶液（有关操作安全事宜参见前文）

碳酸铜

3 mm厚的薄泥圈

浸泡过盐水并晾干的锯末、稻草、蛭石※

2块硼板

※ 确保所有原料完全干透之后再将其放在坯体上。其原因是渗透进坯体内的盐分会令坯体外表面上的坯料膨胀，日后遇潮时坯体表层就会剥落（出现上述情况的原因是浸盐的部位并未完全烧熟）。

香蕉皮或者含盐蛭石，可以在器皿表面上形成多重颜色变化。参考“附录1釉料、化妆土和着色剂”，你可以了解到更多氧化物的发色信息。

最好使用多种坯料进行烧成试验。乐烧坯料就不错，或者可以使用任何一种含沙量较多的坯料，只要沙粒的含量未影响到坯料的可塑性即可。质地细密的坯料也能用，但是会产生裂痕。坯体必须经过素烧，其原因是可以避免开裂。

搭建低温食盐烟熏仓

在器皿周围侧立叠摞一圈耐火砖，耐火砖的高度要高于中间的器皿（图例5）。耐火砖圈的最底层要留有一些空隙，以便让热气从中穿过直达器皿的外表面。

如何烧制

任意一种使用燃气、木柴烧制的耐火棉或者耐火砖窑炉都适用于低温食盐烟熏乐烧。唯独电窑不可用于此类烧成试验，其原因是只需极短的时间盐分就会腐蚀掉电窑内的配件。在低温食盐烟熏乐烧的最后阶段，窑炉内会散发出有毒的盐酸。鉴于上述原因，一定要在室外空旷处实施这种乐烧试验，切不可在人多的地方烧制。

（1）在窑炉的最底层硼板上摆放一圈耐火砖。在耐火砖圈内铺撒一层硬木块，然后将所备食盐的1/3撒落在硬木块的上面（照片71）。

（2）在坯体的外表面上喷涂氯化铁溶液。在坯体的颈部撒一些碳酸铜粉末，然后擀制一个薄泥圈并把它套在坯体的颈部上，在泥圈的上面再撒一些碳酸铜粉末（照片72、照片73）。用锯末掩埋住坯体的下半部分。在锯末上撒一些碳酸铜和所备食盐的另外1/3（照片74、照片75）。用稻草和蛭石填满整个耐火砖圈。

（3）在耐火砖圈上错落摆放两块硼板（照片76），并在其上面撒落所备食盐的最后1/3。

（4）烧成温度在880～1 070 ℃。当窑炉完全冷却后将坯体移出来（照片77）。

71

72

73

74

75

76

77

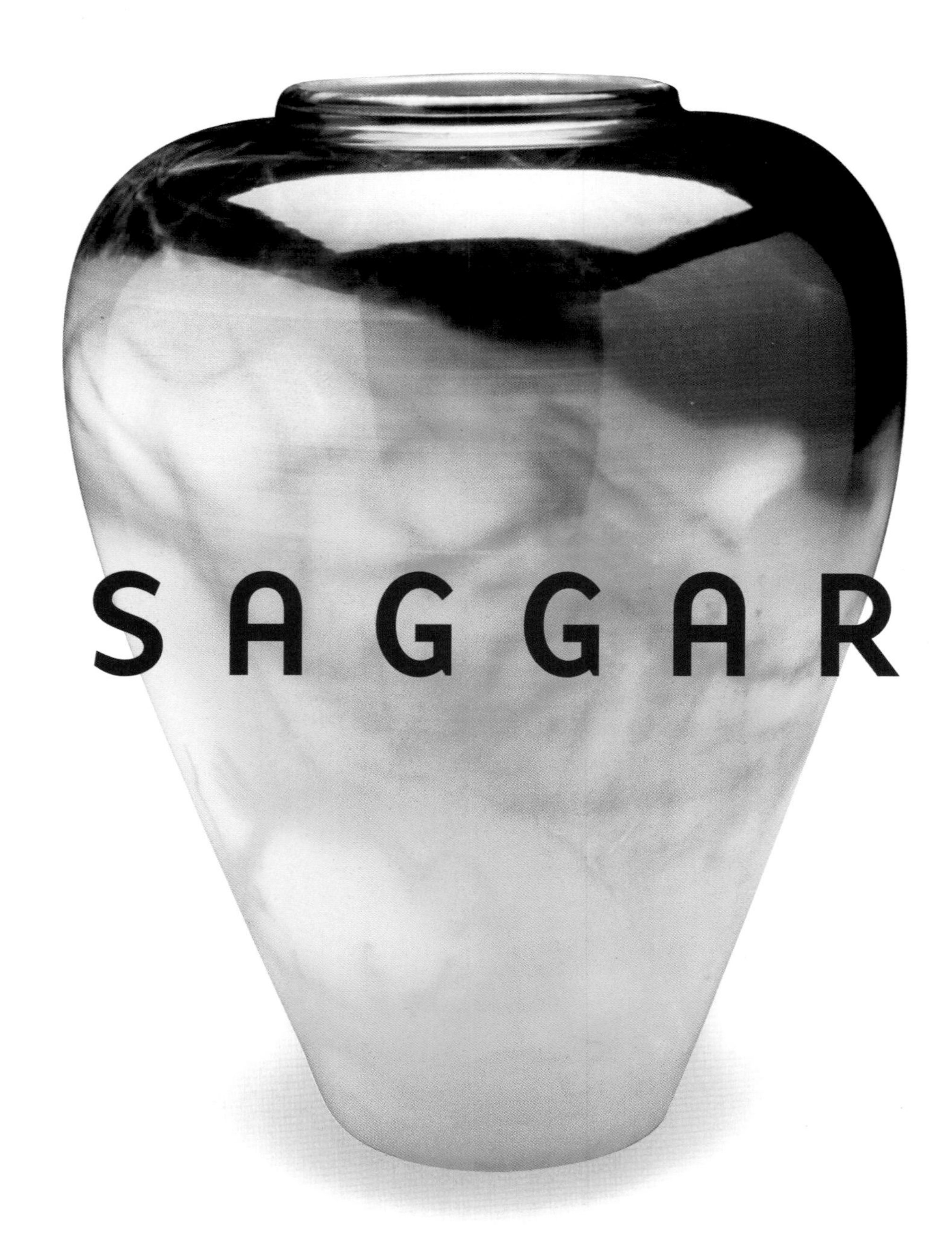

SAGGAR

第 2 章　匣钵烧成

对于那些偏好变化丰富的釉下彩外观的艺术家来讲，将作品放入一个带盖铁质或者黏土质匣钵（可反复利用，具有一定隔热性能的容器）内进行烧成是个很不错的选择。匣钵烧成起源于中国的宋代，直到今天仍在使用。匣钵一词（带有一定的保护意味）最初用来指由耐火黏土制造的容器。在19世纪和20世纪早期，匣钵在美洲和欧洲被用于保护瓷器和炻器坯体，它可以起到防止蒸气、灰烬和窑渣沾染到器皿表面的作用。在那段时期，每一个大型工业化陶瓷厂家都拥有其自己的匣钵生产车间。这些匣钵包括各种形状和尺寸，在报废之前可反复烧成30～40次。

当代的陶艺师将匣钵的概念扩大了很多，它可以泛指一切耐火、隔热的容器，在烧成的过程中用于盛装和保护坯体。有关匣钵的一个创造性用法是将可燃性物质放进其内部，这些物质会在烧成的过程中炭化、燃烧并在坯体的外表面形成非常绚丽的色泽。在各种烧成气氛中（例如匣钵烧成和坑烧）使用各种盐类物质可以在器皿的外表面生成犹如大理石纹路般的暖色调。每一种盐类物质，不论是硫酸镁、硫酸铜、碳酸氢钠还是食盐，都会令坯体表层呈现不同的色彩。例如西班牙苔藓，将其放进硫酸铜溶液中浸泡后晾干，烧成之后苔藓就会在坯体表面留下炭化印痕。其他材料例如木屑、干草或者蛭石，将它们浸入盐水后再晾干烧成会产生类似的釉面效果。在“附录1釉料、化妆土和着色剂”中，你可以看到更多如何在坯料和釉料中添加氧化物的方法，以及它们各自的发色效果。

詹姆斯·沃特金斯（James C. Watkins）将在本章中介绍多种匣钵烧成方法和多种匣钵的制作方法。他最喜欢的是带盖金属匣钵。他使用19 L的爆米花桶烧制小件器皿，可以在汽车修理厂购买到这种铁桶。此类金属桶可以经得住5次烧成。詹姆斯购买并利用1.6 mm厚的黑铁桶进行烧成。这种黑铁桶相当耐用，詹姆斯的那一只铁桶已经使用了3年也没出现任何烧成破损。铁桶比黏土制成的桶要耐用得多，但是后者却可以按照坯体的尺寸量身制作，例如尺寸可以做大一些或者形状也可以做得刚好符合坯体的样式。

◀拉法尔·莫利纳·罗奎兹（Rafael Molina-Rodriguez）
“泥罐”，1997年
33 cm × 25.4 cm × 25.4 cm；拱形倒焰窑天然气烧成；黏土匣钵010号测温锥烧成；锯末、浸盐干草、食盐还原。
陶艺师本人摄影

素烧坯上用胶带纸遮挡赤陶化妆土；厕纸包裹坯体并放入铁质匣钵烧成，由陶艺师詹姆斯·沃特金斯（James C. Watkins）创作并烧制。

匣钵可以层层叠摆，所以窑内甚至可以不采用硼板。只需使用普通的铁质垃圾桶就可以，千万别使用镀锌金属桶作为匣钵。其原因是窑内的高温会令镀锌铁桶的涂层散发出有毒气体。

2.1 银黑色赤陶化妆土纹样烧成

日常使用的厕纸似乎不可能在坯体的外表面创造出银黑色的色泽。詹姆斯通过试验发现用厕纸包裹坯体然后放入匣钵烧成，待烧成之后这种廉价的材料可以在器皿的外表面形成非常清晰、非常多变的颜色效果。上述烧成方法可以令坯体呈现出炭黑色，但是也有可能生成另外一种奇特的外观效果：银黑色。

如何烧制

揭开匣钵盖子的时候要特别小心。一定要等到匣钵的温度彻底降下来之后才能揭开盖子，否则里面的可燃性物质突然遇到氧气时会发生爆炸。

（1）使用铅笔在坯体的外表面上画下你所设计的纹样（照片1）。

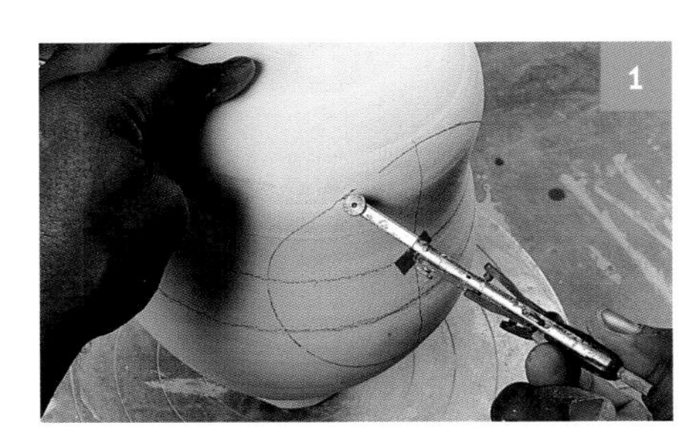

（2）使用汽车胶带纸遮挡住图案（照片2）。

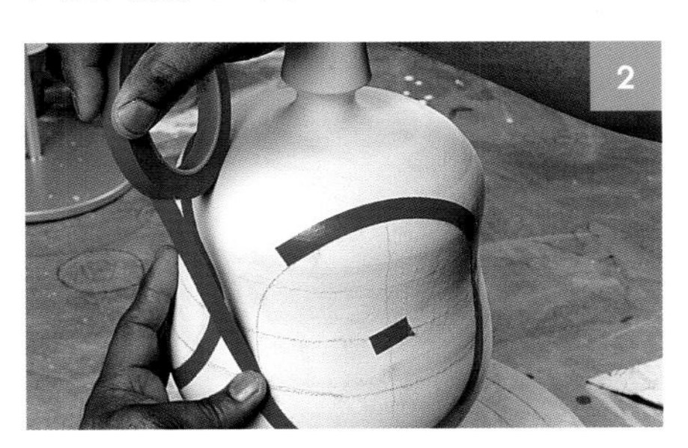

（3）借助刷子或者喷笔在坯体的外表面上喷涂一层薄薄的赤陶化妆土（照片3）。

（4）用一块软布或者羊皮擦拭坯体的外表面，直到打磨出一定的光泽为止（照片4）。

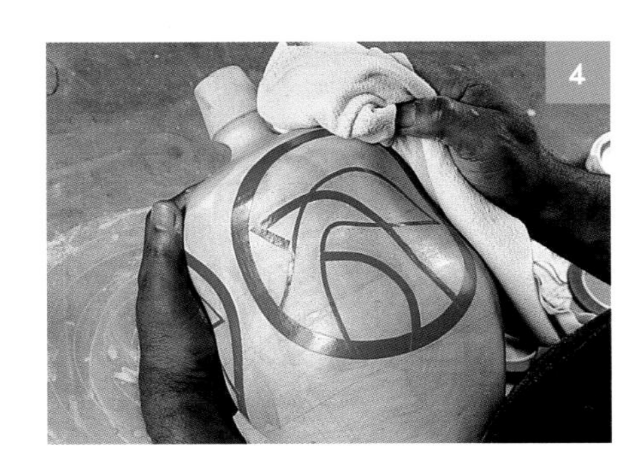

（5）揭开覆盖在坯体花纹上的胶带纸，并用厕纸将坯体包裹起来，包裹的厚度为2.5 cm（照片5、照片6）。

（6）将坯体层层叠摞并放进匣钵中。用报纸填满坯体之间的

材料和工具

素烧坯
铅笔
汽车胶带纸
哈克牌毛笔或者喷笔
黏土化妆土（配方：1号赤陶化妆土）
软布或者羊皮
廉价厕纸
带盖金属爆米花桶
报纸

鲁斯·伊埃兰（Ruth E.Allan）
“第一枚果实”，2001年
23 cm × 36 cm；未施釉；丙烷倒焰轨道窑；用耐火砖临时搭建匣钵，锯末和刨花03号、04号测温锥烧成。
敦·雅贝（Doug Yaple）摄影

空隙（照片7）。

（7）按照照片8中所示，将匣钵放进窑炉并用012号测温锥烧成。由于窑炉内缺乏足够的氧气燃尽可燃性物质，所以坯体的外表面会呈现出深黑色炭层印迹（照片9）。

化学元素和天然材料烟熏素烧坯，匣钵烧成，由陶艺师詹姆斯・沃特金斯(James C. Watkins)创作并烧制。

2.2　多彩外观烧成

使用带盖金属匣钵或者黏土质匣钵都可以烧制出多彩的作品外观。但是不论你使用的是金属匣钵还是黏土匣钵，都必须在匣钵上打几个孔洞，其原因是便于控制进入匣钵内的氧气量。把耐火棉卷成小卷并堵住部分孔洞，这样做可以令匣钵中的器皿多吸附些碳类物质，从而形成更多的色泽变化。堵住的孔洞越多，器皿外表面上的颜色越深。

不能用电窑实施这个烧成试验，因为盐类物质会在很短的时间腐蚀掉窑炉内的零部件。当燃料中含有盐类物质或金属成分时必须佩戴过滤性能良好的口罩，因为在烧成的过程中会产生有毒的盐酸气体、氧化物蒸气和尘土。

材料和工具

素烧坯
金属匣钵或者黏土匣钵
金属切割工具
黏土化妆土（参见前文黏土化妆土配方）
硬木锯末
硬木小块
粗盐
碳酸铜
将稻草和蛭石放进盐水中浸泡，之后捞出晾干
012号和010号测温锥

如何烧制

使用素烧坯、打磨光滑的白色黏土坯体，或者表面上喷涂了赤陶化妆土的、颜色并非很白的素烧坯，都可以避免坯体开裂。

（1）在金属匣钵的拦腰一圈钻一些孔洞，每个孔洞的直径为2.5 cm，孔洞与孔洞之间的距离为15.2 cm（照片10）。在金属匣钵盖的正中央钻一个直径为2.5～5 cm的孔洞。

10

（2）在器皿的外表面上喷涂一层薄薄的赤陶化妆土（照片11）。

11

（3）在金属匣钵内装满可燃性物质。首先，在匣钵的底部铺一层15.2 cm厚的硬木锯末。这些锯末会在坯体的外表面形成从墨黑到深灰色的多重颜色变化。然后用一些木块填满坯体腰部以下的位置。

（4）在坯体的周围和燃料的上部撒一些粗盐和碳酸铜粉末（照片12）。多放些木块（照片13）。最后，用干燥的浸盐稻草和蛭石覆盖住整个坯体（照片14、照片15）。细碎的粗盐和碳酸铜粉末会顺着硬木之间的空隙散落到匣钵的不同位置，从而在器皿的外表面形成从微红到橙色等多重颜色变化。

12

13

14

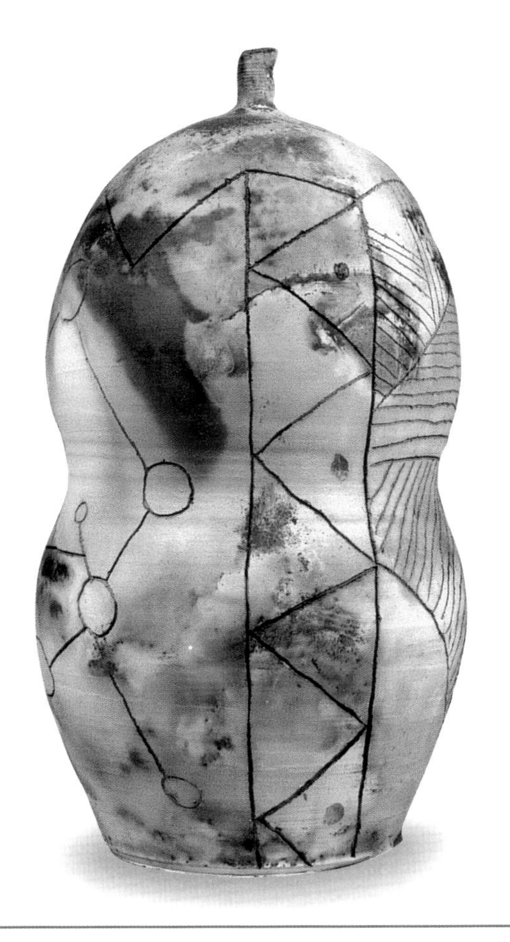

史蒂文·卡特(Stephen Carter)
"无题",创作日期不详
43 cm×18 cm×18 cm;气窑;匣钵烧成。
陶艺师本人摄影

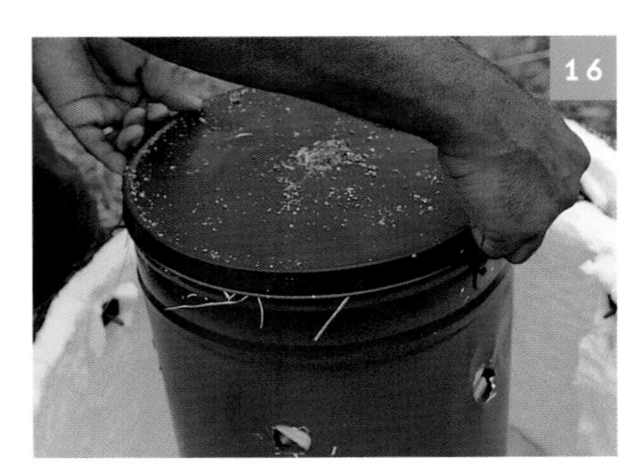

(5)盖上匣钵盖,并将整个匣钵抬进乐烧窑中(照片16)。烧成温度在900~1 120 ℃。要等到匣钵彻底晾凉了之后才能打开匣钵盖(照片17)。

小贴士

很多陶艺师在坯体的周围投放或者喷洒其他类型的化学元素,例如重铬酸钾、氯化铁或者硫酸铜。还可以把铜丝直接缠绕在坯体上,这样可以在器皿的外表面形成非常清晰的、色泽艳丽的线条。

几乎所有的氧化物都适用于还原烧成,它们都可以在器皿的外表面生成不同的色调。例如海藻、各类果实或者蔬菜的外壳、草屑、干花、干燥的宠物粮食、马或者牛的粪便等。尽情展开想象的翅膀。

赤陶化妆土装饰素烧坯，用铝箔纸包裹坯体，并将其放入带烟囱的倒焰桶式窑中烧成，由陶艺师顿·埃里斯（Don Ellis）创作并烧制。

2.3 铝箔纸匣钵烧成

铝箔纸匣钵烧成很有趣也很简单，这种烧成方法可以在坯体的外表面形成色彩斑斓的红色、粉红色，以及褐色纹样。这种烧成方法对坯料的要求不高，各类坯料均可用于试验。在浅色的坯体和瓷器坯体的外表面会生成或浓或淡的颜色变化，而在深色的坯体上则会生成暖暖的、柔和的色调。经过多次试验后，你对色调的控制能力一定会有所增强。

如何烧制

不能用电窑实施这个烧成试验，因为盐类物质会在很短的时间内腐蚀掉窑炉内的零部件。

（1）戴上橡皮手套，在坯体的外表面喷涂一层氯化铁溶液（照片18）。只需要均匀地喷洒薄薄的一层就足以在烧成过程中产生丰富的色调了。

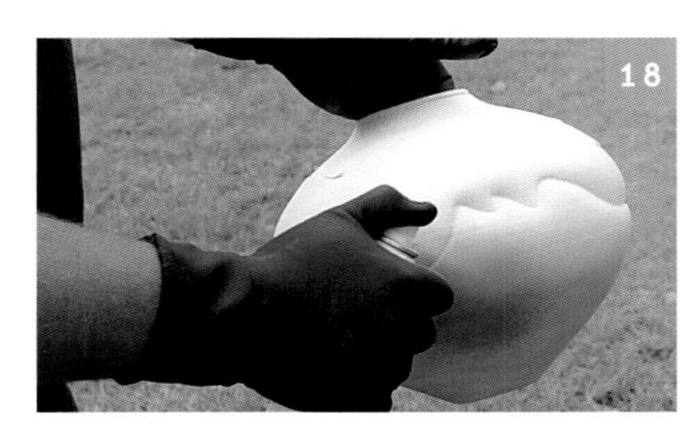
18

（2）在坯体的外表面上均匀地喷洒过一层氯化铁溶液后，就可以刻意创造出一些颜色变化了。在坯体的某个部位上持续喷洒氯化铁溶液，直到液体沉积而不是被坯体吸收为止（照片19）。趁着氯化铁溶液未干之时，在其上面撒一些食盐。这些盐粒会在洒落处形成铁锈红色色斑。持续往坯体的外表面喷洒氯化铁溶液，直至整个坯体都被液体覆盖住为止（照片20）。

19

20

（3）准备两块铝箔纸，它们的大小要足够包得住坯体。将铝箔纸弄皱，令其拥有不规则的表面肌理。这样做是为了在坯体和铝箔纸之间营造出一些空间，褶皱会在坯体外表面形成非常随意的图案。将铝箔纸平摊开来，并在其中间部位撒2勺（30 g）食盐（照片21）。

21

（4）往铝箔纸上撒1～2勺（5～10 g）硫酸铜，接着放一些用硫酸铜溶液浸泡过的藤蔓类植物的叶子（照片22）。

22

材料和工具

- 素烧坯
- 橡胶手套
- 氯化铁（未经稀释）
- 2把喷壶，用于喷洒氯化铁溶液
- 食盐
- 重型铝箔纸
- 硫酸铜
- 汤匙
- 先将藤蔓类植物的叶子浸泡在硫酸铜溶液中，然后再将其晾干备用※

※ 用0.24 L水溶解5～10 g硫酸铜。

凯蒂·霍兰德(Katie Holland)
"从未见过你",2003年
1.05 m×1 m×2 m;顺焰气窑;耐火砖匣钵烧成;先用010号测温锥烧成,所用材料包括锯末、由盐水浸泡过的碎纸屑、硫酸镁、木炭;再用02号测温锥烧成,所用材料包括锯末、由小苏打水浸泡过的纸屑、硫酸镁及其他类型的盐类物质、纯碱、木炭。
陶艺师本人摄影

(5)将坯体放在铝箔纸的正中央,并在坯体上部多放一些用硫酸铜溶液浸泡过的藤蔓类植物的叶子。卷起铝箔纸,包住坯体(照片23)。倘若一块铝箔纸不够用就再多用一些,直到将坯体完全包裹住为止。上下左右翻滚由铝箔纸包裹着的坯体,使撒在里面的食盐和硫酸铜等物质均匀洒落到坯体的各个部位。

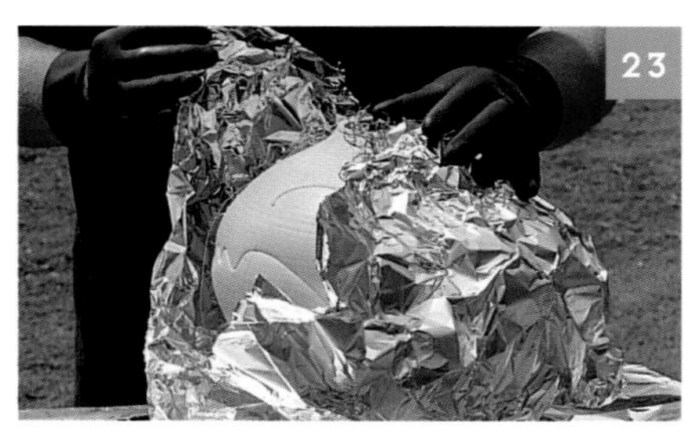

(6)现在可以装窑了。你可以将由铝箔纸包裹着的坯体层层叠摞在一起,直到装满整个窑炉为止(照片24)。点燃窑炉,烧成温度为630 ℃。烧成结束时你会发现一部分铝箔纸已经化为灰烬了(铝箔纸的熔点为566 ℃),这是正常的现象,铝箔纸化为灰烬说明已经达到了理想的烧成温度。

(7)当窑炉彻底晾凉后揭开窑盖。将残留在坯体外表面的铝箔纸和灰烬清除干净(照片25)。

施釉坯体氯化锡烟熏烧成，由陶艺师詹姆斯·沃特金斯（James C. Watkins）创作并烧制。

2.4　黏土匣钵光泽彩烟熏烧成

可以为不适合在金属匣钵中烧成的坯体制作黏土质匣钵。本烧成案例中所展示的器皿外表面的釉料由陶艺师彼兹·利特尔（Biz Littell）的私家配方与商业金属釉料混合而成。

配方

制作黏土匣钵所用坯料配方

41.8	耐火黏土
20.8	球土
20.8	沙粒
8.3	研磨成粉的轻质耐火砖
8.3	锯末
100	合计

因为制作匣钵所用的黏土质地粗糙，所以在拉坯的过程中一定要佩戴橡胶手套。匣钵的烧成温度约为1 303 ℃（如果匣钵未达到理想的烧成温度，那么它会在以后的烧成过程中吸收碳类和盐类物质，这些物质极易引发坯体开裂）。不要往制作匣钵的黏土中添加沙子，其原因是沙粒中所含的石英会导致匣钵开裂。

詹姆斯在黏土匣钵上钻出若干个直径2.5 cm的孔洞，每个孔洞都有与之配套的塞子，这些孔洞可以控制还原烧成过程中的氧气摄入量。

材料和工具

素烧坯

汽车用胶带纸

毛笔

邓肯SY553号古铜色釉料

防蚀蜡

陶艺师彼兹·利特尔（Biz Littell）自创的3号釉下黑色※

喷釉设备

庭院内的沙粒

黏土匣钵

重型金属剪

耐火棉

金属夹子

测温计

往小塑料杯中盛入3汤匙（55 g）氯化锡

※ 配方详见“附录1釉料、化妆土和着色剂”中的相关内容。

如何在黏土匣钵中熏制作品

回顾前文中所介绍的氯化锡烧成注意事项。

（1）在素烧坯体的外表面上贴一些胶带纸，以形成某种图案。关于如何贴胶带纸可以参考前文讲述过的相关内容。

（2）借助毛笔往贴着胶带纸的坯体上涂抹古铜色亮光釉。在釉层上面涂一层蜡，然后揭开胶带纸。

（3）往坯体的外表面上均匀地喷涂两层薄薄的釉料，所使用釉料为彼兹自制的3号釉下黑色（配方见后文）。

（4）在黏土匣钵的最底层撒一层薄薄的沙粒，它们可以加强坯体的抗热震性能。剪下两块与耐火砖面积相同的耐火棉，并将它们垫在砖块的下面。然后将耐火棉与放置其上的耐火砖一同摆放在匣钵底部的沙层上，并使两块砖的位置正好处于匣钵底部的两侧。

（5）将坯体放进窑炉，04号测温锥烧成。待窑炉冷却到482 ℃时，借助铁夹子将坯体夹出窑外，并放进黏土匣钵中，同样将已经烧得炙热的两块耐火砖夹到事先摆放好的耐火棉上（照片26）。烧成温度相当重要，必须借助测温计确保烧成温度准确无误。

26

（6）往炙热的耐火砖上撒一些氯化锡粉末（照片27）。

27

（7）1分钟之后轻启窑盖（照片28），然后将其彻底揭开并放置一旁。待坯体彻底晾凉后再将坯体移出窑外（照片29）。

28

29

朱蒂斯·戴（Judith Day）
“亚马孙Ⅱ”，2003年
76 cm×36 cm×15 cm；“湖 西 烧”铂金光泽彩烟熏烧成。
陶艺师本人摄影

P I T

第3章 坑 烧

保罗・万德莱斯(Paul Wandless)将在本书中向读者介绍坑烧方法，这种烧成方法在室外进行，烧成者可以在实施过程中感受到很多乐趣与惊喜。坑烧很简单，只需在地面上挖出一个坑作为“窑炉”即可。因为坑可以储存热量，所以坑内的温度足以使坯体的表面呈现出不同的颜色变化，例如黑色、灰色、粉色、红色、桃色等。相比之下，白色、浅色或者瓷器坯体可以生成的颜色变化更是多样。颜色较深的坯体和陶器坯体则只会生成相对沉闷的颜色和赤陶色泽。

远古先民发现地表黏土具有可塑性，并用来试验烧成或许都发生在偶然之间。他们发现长期烧烤食物的柴堆下的地表黏土被烧结成硬块。世界上最早的烧成都是地表明火烧成。在非洲的某些地区，人们把陶质罐子和器皿堆放在露天的地面，并用大量干草等可燃性物质覆盖，然后点火烧成，使坯体的外表面呈现出从黑色到灰色不等的颜色变化。在墨西哥也有类似的烧成方法，人们把抛光的器皿层层叠摞，码放在一层由木柴摆放出来的“窑床”上。器皿堆上覆盖着一层厚厚的木柴，这些木柴会在燃烧的过程中为坯体的外表面添加炭黑色泽。在烧成的过程中持续添加木柴和其他可燃性物质，以确保烧成温度稳定上升，整个烧成过程大约持续1小时。这种烧成方法所产生的热量较高，因此坯体外表面生成的黑色、灰色色泽更加浓重。时至今日，上述原始的烧成方法仍然被世界上很多民族应用，用于烧制实用型和礼仪型器皿。

◀瑞贝卡・尤拉齐(Rebecca Urlacher)
“无题”，2002年
52 cm × 22.9 cm × 10.2 cm；05号测温锥电窑素烧；锯末、树枝、植物碎屑还原坑烧。
大卫・西蒙(David Simone)摄影

雷·罗格斯(Ray Rogers)在英格兰威尔特郡的坑烧试验。
大卫·琼斯(David Jones)摄影

3.1 挖窑坑

坑烧的第一个步骤就是挖窑坑。如果你想在自家的后院挖坑,请先向你所在地的电力或者电信部门咨询,以免破坏了他们在该区域内埋设的电缆类、通信类线路。清理出一块直径约1.8 m的区域,将周围的纸屑、枯叶等可燃性物质清扫干净。你想烧制的坯体尺寸及数量决定着坑的大小。对于小件坯体而言,挖一个边长、深度均为61 cm的正方体坑即可。

由陶艺师保罗·万德莱斯(Paul Wandless)利用锯末还原烧成的坑烧作品。

如何烧制

为了防止引发火灾,必须寻找一处空旷的地方作为烧成地。在实施烧成的过程中离浓烟远一点。也需时时提防作为燃料的可燃性物质,以防止它们引发火灾。在烧成的过程中不可无人监管。

在往坑内堆放木柴和其他可燃性物质的时候一定要充分考虑坯体在其中所处的位置。尤其要注意坯体周围的燃料摆放方式,以防止它们在烧成过程中突然烧尽垮塌,并因此震裂坯体。炙热的灰烬会慢慢点燃锯末。为了安全起见，须让窑坑自然冷却一夜。较长的保温时间亦会令坯体的外表面呈现出多样的外观效果。

（1）在坑内层层铺设可燃性物质。借助锯末、引火物和报纸在坑底铺设出一层7.6 cm厚的窑床（照片1）。

1

（2）所烧坯体的类型决定着是否会用到金属箅子。箅子可以防止坯体在烧成的过程中滚落，尤其是当制作坯体所用的坯料较为脆弱时，使用金属箅子就显得更加必要了。将箅子直接放置在铺设于坑底的燃料上（照片2）。这样做不但可以在坯体下面预留出供空气流通的空间，而且可以预留出供灰烬下落的空间。将坯体放在箅子上（照片3）。如果你愿意的话，还可以将坯体层层叠摞在窑床上。但是你心里应该明白，坯体之间的接触面及坯体与坑壁之间的接触面只能吸收到少量的，或者根本吸收不到任何烟雾。你可以利用上述特点在坯体上刻意创造出

2

3

若干“飞白”效果。

（3）利用稻草、锯末，以及报纸铺设坑窑。在坯体周围松松散散地放置一些稻草和报纸，并铺一层7.6 cm厚的细碎锯末（照片4）。就此层燃料而言，必须使用细碎的锯末才行，因为只有这样才更容易被引燃。再铺一层稻草、报纸和一层7.6 cm厚的粗大锯末。继续铺撒粗大锯末（或者粗、细锯末兼而有之），直到锯末将坯体完全覆盖大约7.6 cm厚为止。

4

材料和工具

素烧坯
细碎和粗大的锯末
引火物
碎报纸
金属箅子
稻草
木柴
燃油

马夏・帕克特（Martha Puckett）
“无题”，1998 年
12.7 cm × 13.3 cm × 13.3 cm；坑烧。
吉尼・马什（ Ginny Marsh）摄影

（4）铺撒一层报纸（照片5），并在报纸上放置一些木柴和引火物，以便能顺利点燃。

（5）往木柴上撒一些燃油，并等上几分钟，以便让油渗入燃料内部（照片6）。待木柴吸饱了油之后，从木柴堆的边缘处和中心处同时点火引燃。有些时候，由于烧成的地点设在室外空旷处，风会吹灭火苗，因此不得不反复点火。可以用挖坑时挖出来的黏土在烧成地点的周围建造一道隔离墙。这样做不仅可以挡风，还可以防火（照片7）。如果燃料的燃烧速度过快，可以不断地往坑内添加新燃料。明火可以持续燃烧45～60分钟，而炙热的灰烬则将持续保温几小时。烧成温度介于538～732 ℃。

苏米·凡·达索(Sumi Von Dassow)
"坑烧罐子",2003年
20.3 cm×25.4 cm×25.4 cm;打孔管子坑烧;泼洒硫酸铜溶液;利用食盐、香蕉皮、硫酸盐、奇迹植物肥公司(Miracle-Gro)的产品、硬木屑、白杨树干等作为燃料烧制6小时。
陶艺师本人摄影

(6)大约30分钟后,木柴变为灰色,火焰也不如先前那样猛烈(照片8)。有些时候,明火甚至会彻底熄灭,只留下热灰逐层向下延伸,直至烤尽坑内的燃料为止(照片9)。当烧成接近尾声时,可以再往坑内撒些锯末。这些锯末将阻断氧气的补给,从而形成还原气氛。

(7)即便是间隔整整一夜也难免会有未燃尽的热灰遗留在坑

底。可以将双手置于坑上感受热气,以便探出坑中是否还有未完全燃尽之物。待窑坑彻底冷却后,再从中取出坯体(照片10)。

(8)往坑内泼洒清水,以便彻底熄灭未完全燃尽的燃料。

3.2　清洗坯体

有些坯体需要好好地清洗。清洗的过程很简单、很便捷，你还可以趁此时机为坯体抛光。清洗之后的坯体，其外表面上的色斑会显得更加清晰。器皿的外观效果取决于烧成时所使用的燃料类型。家庭用的清洁剂就是不错的选择。保罗·万德莱斯（Paul Wandless）向广大陶艺爱好者推荐使用软布、硬毛刷、海绵和发蜡（照片11）。

11

（1）借助硬毛刷刷去附着在坯体表层上的硬块和残渣，也可以刻意保留裂痕和肌理处的残留物（照片12）。

12

（2）借助海绵擦去附着在坯体表面上的浮灰（照片13）。然后让坯体干燥10分钟。

13

（3）借助软布往坯体的外表面擦一层发蜡，并让发蜡在坯体的表面上自然渗透15分钟（照片14）。待发蜡干透后为坯体抛光（照片15）。发蜡不但可以增强坯体表面上的颜色和肌理，而且可以在坯体上形成一层保护膜，从而使坯体呈现出更加美丽和富有光泽的外观效果。

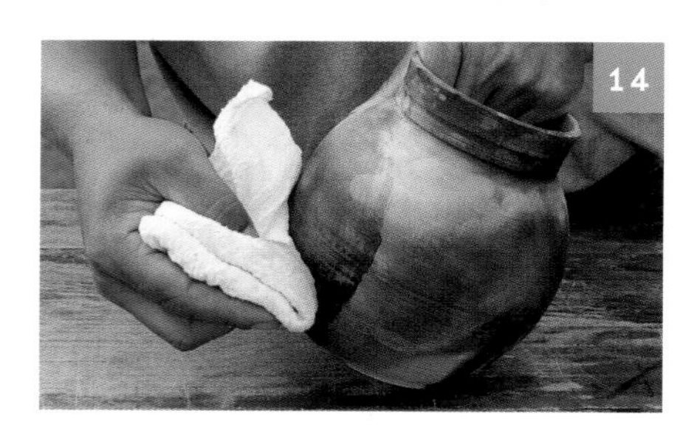
14

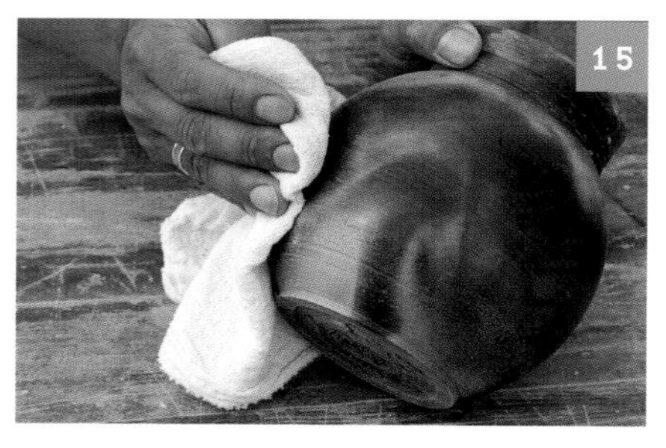
15

苏米·凡·达索(Sumi Von Dassow)
"坑烧罐子",2003年
30.5 cm×20.3 cm×20.3 cm;打孔管子坑烧;泼洒氧化铁颗粒和硫酸铜溶液;包在报纸内的浸盐松针;利用食盐、香蕉皮、硫酸盐、奇迹植物肥公司(Miracle-Gro)的产品、硬木屑、白杨树干等作为燃料烧制6小时。
陶艺师本人摄影

小贴士

陶艺师使用不同的原材料、坯料、烧成方法进行坑烧试验,所产生的坯体外观效果千差万别。本节介绍一些坑烧方面的小知识,照着试烧看看,相信通过多次试验之后,你对坑烧技巧一定会有自己的心得。

正式烧成之前,往素烧坯体的外表面上喷涂一层赤陶化妆土并抛光,可以产生更加多变的颜色。或者,如果你愿意的话可以将未经烧成的泥坯抛光,这样做可以获得更加光滑且极富光泽的表面效果。此外,你还可以在喷涂了赤陶化妆土的坯体经初次烧成之后,再次喷涂其他颜色的赤陶化妆土,以便得到丰富多彩的外观变化。

用于装饰素烧坯的着色剂包括黑色氧化铁、红色氧化铁、碳酸铜等,它们可以在器皿的外表面上形成多种色泽(只需将上述着色剂与清水调和即可)。调和的比例为15 g着色剂溶解于0.24 L清水中,你也可以根据个人喜好适当调整上述比例。在坑烧之前,先用04号测温锥烧出底色。

除了上述方法之外,你还可以在装窑的过程中将硫酸铜、氯化钠、碳酸氢钠等物质喷洒在坯体周围或者坯体上部。这些化学物质会在烧成的过程中产生蒸气。用铜丝或者铜丝网包裹坯体,可以在器皿的外表面上形成非常有趣的线形图案。经过多次试验,你一定会找到一种最让你心动的烧成方法。在使用各类化学物质时务必小心谨慎。让这些东西远离食物、饮品、儿童和宠物。徒手喷洒上述化学物质的溶剂时一定要佩戴橡胶手套。

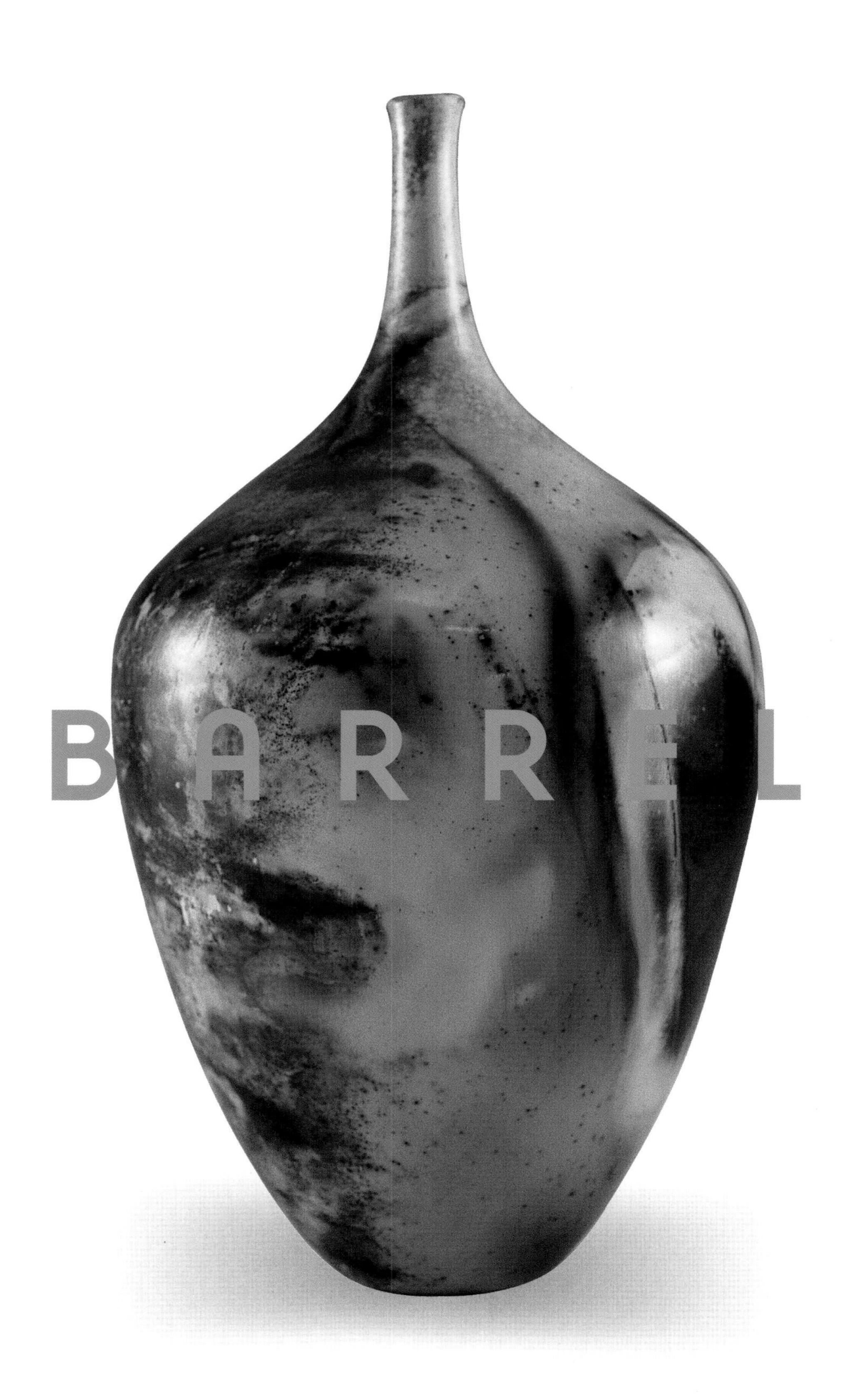
BARREL

第4章 桶 烧

桶烧是一种非常有趣的室外烧成方法，它可以在坯体的外表面上生成十分美丽的外观效果。坑烧和桶烧的最佳烧成时间为傍晚时分。

桶烧的历史虽没有坑烧久远，但是这种方法亦已应用多时。桶烧源于明火烧成，从露天烧成转变到桶内烧成，其中的缘由莫不是因为后者具备更多的优点。较之坑烧，桶烧的烧成温度更高，也正是这个原因才可以令所添加的氧化物、碳酸盐、铜丝等物品在坯体的外表面上生成更加清晰的红色、赭石色和桃色。务必将烧窑所用的桶放置在一个遮风挡雨的地方。

◀琳达 · 克里芙（Linda Keleigh）
"瓶子"，2002年
27.9 cm × 12.7 cm；赤陶化妆土抛光；木柴、稻草、水生植物、碳酸铜还原桶烧。
陶艺师本人摄影

在未烧成的泥坯上涂抹赤陶化妆土并抛光，化学物质和天然原料还原。由陶艺师琳达·克里芙（Linda Keleigh）创作并烧制。

4.1 赤陶化妆土桶烧

在本章节中，陶艺师琳达·克里芙（Linda Keleigh）将向广大陶艺爱好者展示如何抛光未经烧成的泥坯，她自创的赤陶化妆土配方，以及如何利用简单的桶烧制出外观效果奇特的作品。她自创的白色赤陶化妆土可以在坯体的外表面上形成光洁的浅色调，这种浅色色斑会在烧成的过程中与其他各类颜色的色斑形成鲜明的对比，从而使作品的外观效果更加动人。抛光可以令坯体的外表面具有一定的光泽度，而烧成之后再施以发蜡则会给原有光泽增添一份柔和感。你还可以使用素烧瓷泥坯体或者涂抹了瓷泥化妆土的坯体进行烧成试验。往赤陶化妆土中添加着色剂或者只保留赤陶化妆土的本色，并将其涂抹在并非十分洁白的坯体外表面，可以生成比较柔和的外观效果。记住，不同的坯料会生成不同的烧成效果。

操作指南

（1）混合配方中的前三种原料，然后将其置于一旁。

（2）将硅酸钠溶于清水中，然后将步骤1中所配置好的原料添加到溶液中。将上述溶液置于一旁至少24小时，其间不要搅动。

（3）当沉淀好的溶液明显呈现出三个层次之后，按照前文提取赤陶化妆土的方法进行提取。

准备坯体

你可以在坯体干燥过程中的任何阶段对其进行抛光处理，但是对于抛光工具的选择却必须考虑坯体当时的干燥程度：坯体越干燥，所需的抛光工具就应越圆滑；而对于半干坯体而言，类似于橡胶刮片这类较为柔软的抛光工具更为适合。大多数陶艺师都选用不同类型的抛光工具进行试验，例如光滑的石头和勺子。

（1）用细砂纸轻轻打磨半干坯体，以便令坯体更加光滑（照片1）。打磨时下手要轻，以免坯体受到损伤。

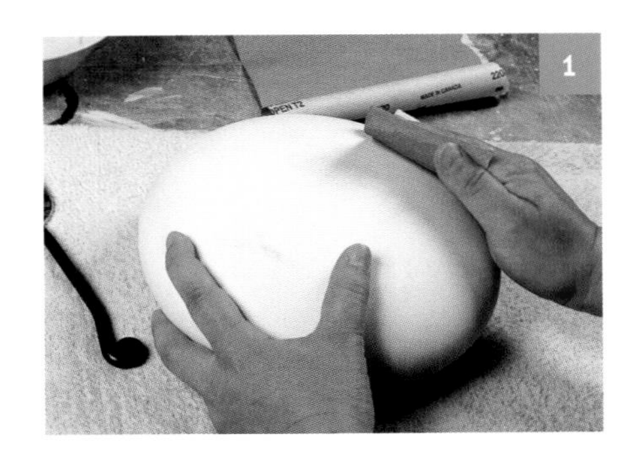

（2）待将坯体打磨光滑之后，用双手往坯体的外表面上涂抹婴儿润肤脂（照片2、照片3）。将润肤脂均匀地涂抹在整个坯体上，并让它自然渗透几分钟。

（3）用湿纸巾轻擦坯体的外表面（照片4），切勿将其弄得太湿。坯体表面太湿的话会损伤到坯体本身，导致坯体开裂。

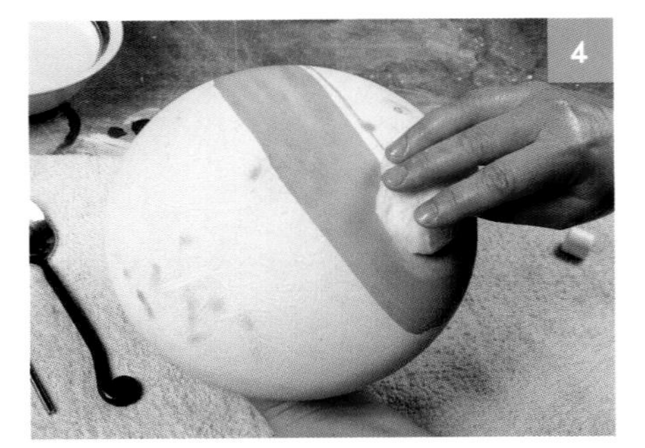

配方

适用于装饰未经烧成泥坯的2号赤陶化妆土

1 120.6 g球土
316 g EPK高岭土
48.5 g膨润土
7.5 g硅酸钠
6.7 L水

原料和工具

素烧坯
细砂纸
婴儿润肤脂
纸巾
光滑的瓷质圆柱体
软布
赤陶化妆土
大号毛笔

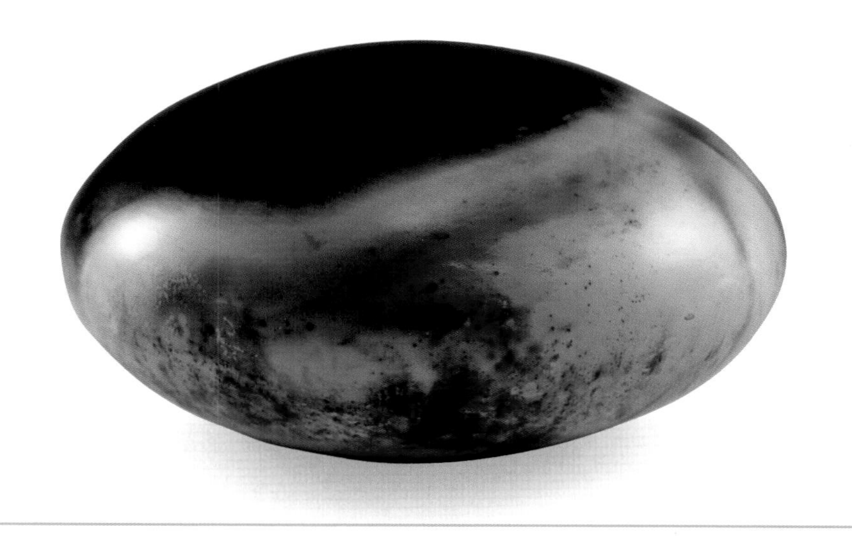

琳达·克里芙(Linda Keleigh)
"球体",2003年
14 cm×25.4 cm;赤陶化妆土抛光;木柴、锯末、水生植物、碳酸铜还原桶烧。
陶艺师本人摄影

（4）利用光滑的珠子或者其他类型的抛光工具，依照同样的方向抛光坯体的外表面(照片5)。当你将坯体彻底抛光一遍之后，换个方向继续抛光(照片6)。这样做可以得到绝对光滑的表面效果。

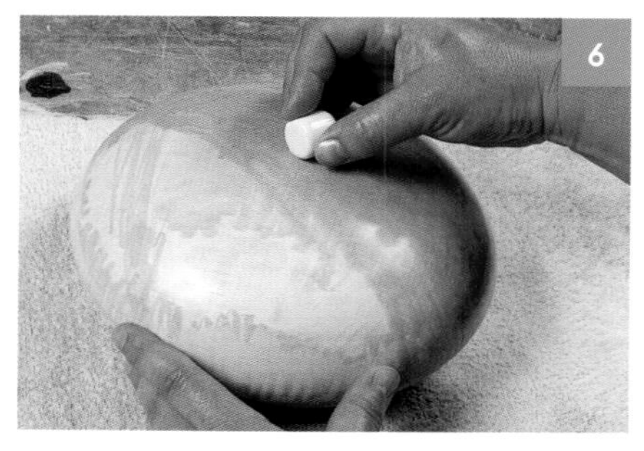

（5）在坯体的外表面涂抹一层赤陶化妆土(照片7)，然后用软布轻擦(照片8)。

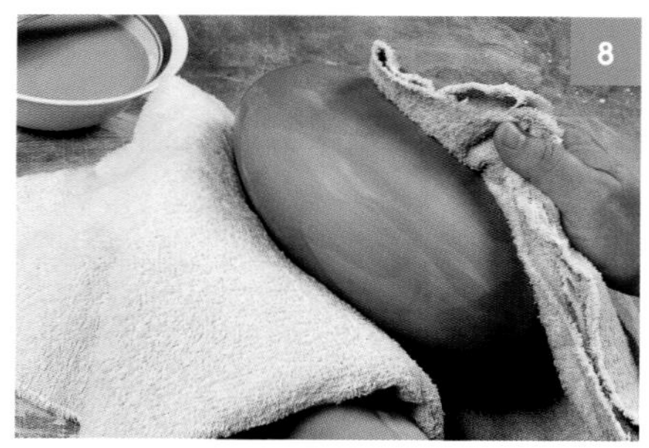

（6）10号测温锥素烧经过抛光处理的未经烧成的泥坯，素烧后的坯体具有一定的渗透性。如此一来，各类着色剂在烧成过程中所散发出来的蒸气就可以渗入坯体表层，从而形成丰富的色彩变化。现在可以实施桶烧了。

准备桶

如果要烧制的坯体数目众多，确保在码放的过程中让体型较大且较沉重的坯体位于桶的下部，而体型较小且较轻薄的坯体位于桶的上部(图例6)。这种码放方式可以防止坯体在烧成的过程中受到损伤。使用较浅的桶进行烧制可以让我们摒弃放置更多坯体的想法，从而间接避免了坯体受损的可能性。当燃料缺氧时会生成还原气氛，而这种气氛会让坯体的外表面呈现出黑色和灰色的纹路。当火焰熄灭，吹去覆盖在燃料表层上的灰烬时，氧化气氛会再次出现，这种烧成气氛会在坯体的外表面上形成浅色色斑，浅色与在还原气氛中形成的一系列青铜色形成对比，从而令坯体的表面效果显得愈加丰富多彩。

在坯体上捆绑铜丝(照片9)，烧成后会在相应的区域形成更多变的颜色和奇妙的线形装饰。只需将铜丝的两端缠绕在一起便可将其固定在坯体上。务必将铜丝绑紧一点，原因是只有这样才更容易生成相应的外观效果。琳达每次都同时烧两只桶窑，因为烧一个和烧两个所用的时间、所费的心思是一样的。

烧制层层叠摞的桶窑既简单又快捷。 图例6

原料和工具

容积为209 L的铁桶，将其拦腰截断	碳酸铜
锯末	塑料杯
稻草	纸巾
红色氧化铁	木柴和引火物
食盐	燃油
	其他可燃性物质

如何烧制

烧窑时的天气情况、所用的化学物质、烧成的速度和温度都会影响到坯体表面的颜色效果。如果你对烧成的效果不满意，还可以反复烧制，直到满意为止。

（1）在一只桶的底部铺上一层锯末，在另外一只桶的底部铺上一层稻草。因为锯末的烧成时间较长，所产生的烟雾较大，所以以锯末铺底的桶所烧制出来的坯体颜色较之以稻草铺底的桶所烧制出来的坯体颜色要深很多。

（2）将各类着色剂和食盐分别放置在不同的塑料杯内。往桶内撒一些红色氧化铁，然后再撒同量的食盐（照片10）。红色氧化铁会在坯体的外表面形成橙色色斑，而食盐则可以在坯体的外表面上形成黄色色斑。倒不必严严实实盖住桶内的所有燃料，只需在放置坯体的位置均匀地撒上一层着色剂和食盐即可。

10

（3）将坯体放在燃料层上。确保摆放方式能够令坯体足以接近火焰、烟雾和着色剂，以便它们更好地作用于坯体上（照片11）。很多燃料会在烧成的过程中化为灰烬。将体量较大且较重的坯体放在桶的下部，将体量较小且较轻的坯体放在桶的上部，这样做可以预防潜在的危险。此外，还可以将多个坯体紧紧地挨在一起，以便创造出一些不被烟雾沾染的“飞白”效果。琳达在左面的桶中放了一个器皿，以作为小型匣钵（里面放着坯体，而坯体周围则塞满稻草）；在右面的桶中，琳达放进了一只用纸巾包裹着的坯体。

11

（4）往坯体的上部和周围撒一些碳酸铜粉末（照片12）。少量的碳酸铜会生成粉色，而大量的碳酸铜则会生成紫红色。

琳达·克里芙(Linda Keleigh)
"盘子",2002年
5 cm×38.1 cm；赤陶化妆土抛光；木柴、锯末、水生植物、碳酸铜还原桶烧。
陶艺师本人摄影

(5) 继续添加稻草(照片13)，直到将坯体彻底掩埋起来为止。往坯体之间的空隙内尽量多添加一些稻草。稻草会在烧成过程中产生大量烟雾，从而在坯体的外表面上形成灰色和黑色色斑，有时还可以形成奇特的线形图案。往稻草上多撒些食盐和红色氧化铁(照片14)。

小贴士

对于小件坯体而言，容积为38 L的铁桶已经足够用了，铁桶的容积与烧成的时间密切相关。

使用其他类型的原材料进行烧成试验，例如将坚果壳、干香蕉皮、海藻等物品撒落在坯体的上下和周围，以便观察它们会在坯体的外表面上生成何种外观效果。找出最佳的燃料组合，以便形成你的独特风格。可以将藤蔓类植物的叶子浸在盐水中，之后捞出晾干以备烧成之用。有关着色剂方面的知识，可以参考“附录1釉料、化妆土和着色剂”中的相关内容。

在正式烧成之前确认所用的原料都已经完全干燥。潮湿的原料不易燃烧，会释放出浓烈的烟雾，甚至会阻碍烧成。

使用少量其他类型的氧化物和碳酸盐实施烧成。在端拿或喷洒对皮肤有害的化学物质时务必佩戴橡胶手套。

（6）添加大小不等的木块，并在木块上放些引火物(照片15)。为了安全起见，最好不要让木块堆的高度超过桶沿。往木块堆上倒一些燃油，并让其自然渗透几分钟。

15

（7）现在可以实施桶烧了。风大的时候，可能需要反复点火，才能将木块堆引燃。木柴初燃时，火焰比较高。随着烧成的继续，火焰的高度会渐渐降低，最后转变为热灰，并显露出掩埋于其中的坯体。木柴等燃料释放出的明火将持续烧成30～45分钟。其他细碎的燃料将持续熏烧4～6小时。

（8）待所有的原料和桶彻底冷却之后就可以出窑了(照片16)。用海绵蘸着水和肥皂清洗残留在坯体外表面上的渣滓。借助钢丝绒擦除坯体外表面上附着的坚硬残渣。用力过大时会伤及先前涂抹在坯体上的赤陶化妆土层，并留下擦痕。按照前文中已经讲过的方法，在坯体的表面上涂抹一层发蜡。

16

4.2 倒焰烟囱桶烧

本书中所讲述的窑炉之所以特殊，是因为它们都是出于对某些物品的改造，桶窑亦不例外。你可以为一只206 L的铁桶安装一个烟囱，从而将其改造成带烟囱的倒焰桶窑。

这种窑炉之所以叫倒焰窑，是因为巨大的抽力会将氧气吸进窑炉内部，充足的氧气可以提高烧成温度（图例7）。倒烟窑起源于19世纪的欧洲，传入日本后得到进一步发展。之后，全世界的陶艺师对其不断地加以改造。因为安装烟囱的缘故，倒烟窑升温速度极快。然而，由兰迪·布隆纳克斯（Randy Brodnax）自创的倒焰烟囱桶窑升温速度更快，窑内温度分配也更均匀。

兰迪使用的是金属匣钵。兰迪介绍说硫酸铜可以生成深红色和粉色，铁可以生成牛血红色、紫红色和黄色，赭石矿可以生成大红色。只需几勺的剂量就足以发色，当然你完全可以尝试多种剂量，以便得到更加多变的坯体外观效果。你还可以像前文中讲过的那样，在装窑时撒入各类着色剂。坯体表面的颜色和肌理因其在窑炉中所处的位置而各有不同。如果你对初次烧成后的坯体外观效果不满意的话，可以对作品进行复烧。

热量顺着铁桶向下熏烧，之后又转化为烟雾沿着烟囱冒出桶窑外。这种倒焰烟囱桶窑由陶艺师兰迪·布隆纳克斯（Randy Brodnax）发明并制作。

图例7

原料和工具

1个炉拐
马克笔
纸
剪子
209 L的带盖铁桶
3 mm钻头的电钻
凿子
铁锤
6节烟囱
铁钳
用于切割金属的角磨机
1块轻质耐火砖
0.6 m铁丝
一块面积为0.6 m×20.3 m的铁丝网
4块硬质耐火砖
圆形铁箅子

建造窑炉

（1）将炉拐的口沿放到纸上，并借助笔将其外径轮廓描绘下来。每个烟囱都有一粗一细两个端口，确定你记下来的是正确的那一头。

（2）将上述纸样放在距铁桶底端2.5 cm处，画下来，避过铁桶上的接缝。将铁桶放倒在地，骑跨其上以便令铁桶稳定，顺着先前画下来的炉拐外径轮廓，每隔3 mm钻一个小孔（照片17）。

17

（3）借助凿子和铁锤将先前钻好的小孔连接成线（照片18）。

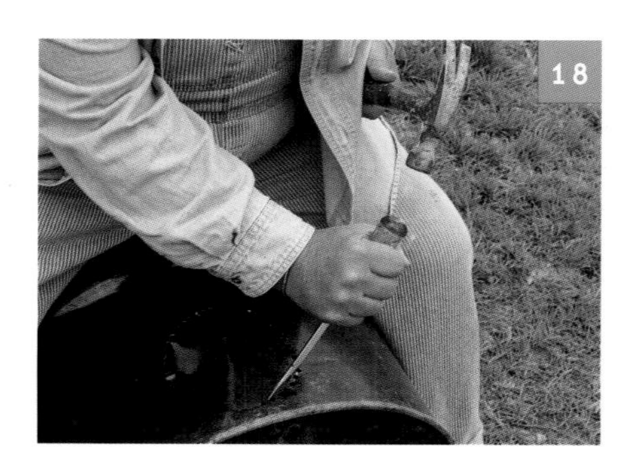
18

（4）截取一段烟囱，以待安装于铁桶下部。烟囱太长的话需加以修剪。借助角磨机在烟囱上每隔5.1 cm打一条缝，缝的长度约为烟囱周长的1/3（照片19），打缝区域起止于烟囱两端5.1 cm处。

19

（5）组装烟囱。将先前打缝的烟囱安装在铁桶下部，并确保所有的缝隙朝上。将炉拐插入位于铁桶下部的孔洞中（照片20、照片21），使其与安装在铁桶内的烟囱完美相接在一起。

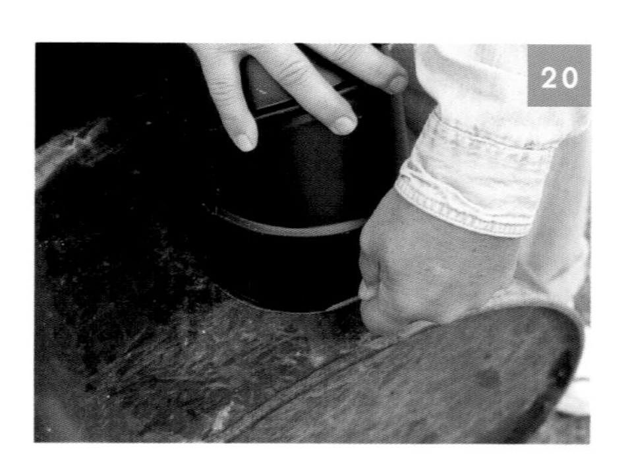
20

（6）将铁桶立起来，以便安装整个烟囱。将大节烟囱与炉拐对接在一起。将轻质耐火砖裁切至合适尺寸并放置于桶壁与烟囱之间，再用铁丝围绕烟囱和铁桶数周，以便彻底加固两者。将铁丝的末端扭绑在一起，并将多余的部分剪掉（照片22）。

（7）将准备好的三节烟囱依次对接在一起，以便组装完成整个烟囱构件。

（8）剪切一块铁丝网，并将其围绕在铁桶内带缝的烟囱上。这样做可以防止烧制过程中产生的灰烬堵塞烟囱缝隙。在桶壁与带缝烟囱之间竖立放置四块硬质耐火砖（照片23）。

（9）在耐火砖上放置一个铁箅子（照片24）。这样做可以防止坯体在烧成过程中掉落到烟囱两侧。

烧成材料

木屑※

细碎引火物

报纸

3～4块木柴

燃油

3块厚度为1.9 cm或者2.5 cm的窑砖

※ 可以在宠物店中购买，因为这类木屑多作为仓鼠类小动物的“床铺”出售，也可以用锯末作代替。

如何烧制

木屑和锯末的尺寸决定着烧成时间的长短；燃料越大，烧成时间越短。

（1）在桶内铺撒一层木屑，直到刚好将铁箅子覆盖住（照片25）。

25

（2）将坯体层层叠摞于铁桶内部。边放坯体边撒木屑和引火物。找几张报纸，并将其卷成卷状。将报纸卷竖立放置在坯体之间（照片26）。这样做的目的是在烧成的过程中，火焰可以顺着报纸卷流转至铁桶底部。当把所有的坯体都放置在铁桶之中后，往其上部覆盖一层7.6 cm的木屑和细碎引火物，并在燃料层的最上部铺撒一些小木块（照片27）。

26

27

（3）在燃料层的中心位置放置三四块浸过燃油的木块（照片28）。点燃木柴和所有可见的报纸卷。大约20分钟以后，火焰渐渐转弱并最终转化为热灰开始逐层向下熏烧锯末层。

28

（4）在铁桶的口沿上放置三块耐火砖，其间距要相等（照片29、照片30），然后将桶盖放于其上。空气会顺着窑盖的缝隙进入铁桶内，并使热量向下移动。空气流入位于桶底的烟囱缝隙内，然后转化为烟雾顺着烟囱冒出桶窑。整个熏烧过程要持续约10小时。你可能在短时间内看不到烟雾从烟囱内冒出。因为这一过程少则需要30分钟，多则需要3小时，请耐心等待。天气状况——特别是刮风的天气和所烧器物的数量对烧成的质量和速度影响甚大。

29

30

（5）当所有的燃料化为灰烬，烟囱内不再有烟雾冒出时让桶窑自然降温。兰迪奉劝广大陶艺爱好者让铁桶降温一整夜的时间，或者至少也要几个小时。揭开桶盖有助于缩短降温时间。所有的器皿都会暴露于桶窑底部（照片31）。待坯体彻底冷却之后将其拿出并清洗干净。

31

（6）按照前文坑烧一节中所讲述的清洗方法打理坯体，可以令坯体外表面的颜色和肌理更加鲜明。

小贴士

你可以控制烧成初期的速度。引燃桶中的燃料之后摘下位于最上层的3节烟囱。往烟囱内放置几块灼热的煤块，并再次将烟囱接回原位。

1 珍·李(Jan Lee)
"2号剥釉乐烧(Naked Raku)器皿",2003年
20 cm×17 cm×17 cm;赤陶化妆土;010号测温锥素烧;礼帽形耐火棉乐烧窑;014～016号测温锥剥釉乐烧;锯末还原。
蒂姆·巴威尔(Tim Barnwell)摄影

当釉料刚刚达到烧成温度,显现出一种类似于鹅卵石般的花纹时,把坯体拿出窑外。珍·李(Jan Lee)所用的"沃利化妆土(Wally's Slip)"和"封面釉"配方见后文,在那个章节中你还可以看到一个部分釉层已经剥落,部分釉层仍然残留在坯体外表面上的器皿。

2 马特·维特(Matt Wilt)
"工具",2001年
23 cm×61 cm×46 cm;炻器;气窑;9号测温锥还原烧成;还原气氛降温。
约翰·卡拉诺(John Carlano)摄影

3 丽莎·马赫(Lisa Maher)
"麦肯纳的鞋子",2001年
25 cm×18 cm×33 cm;电窑;06号测温锥匣钵烧成;锯末、碳酸铜还原。
陶艺师本人摄影

4 帕特·苏维尔(Pat Sowell)
"无题",1998年
20.3 cm×20.3 cm;06号测温锥素烧;砖制匣钵还原,匣钵内装锯末和干草,上面覆盖木柴。
布兹·雷柏(Butch Lieber)摄影

5 泰瑞·哈吉瓦拉(Terry Hagiwara)
"BW纹饰",2003年
28 cm×20 cm×20 cm;白色裂纹釉;气窑乐烧;金属桶内烟熏。
杰克·兹科尔(Jack Zilker)摄影

6 詹姆斯·沃特金斯(James C. Watkins)
"双层盘(盆地系列)",2000年
直径58.4 cm;04号测温锥釉烧;坯体外表面上饰以革黄色赤陶化妆土后烧至012号测温锥温度;报纸还原。
荷西·沃马克(Hershel Womack)摄影

1

2

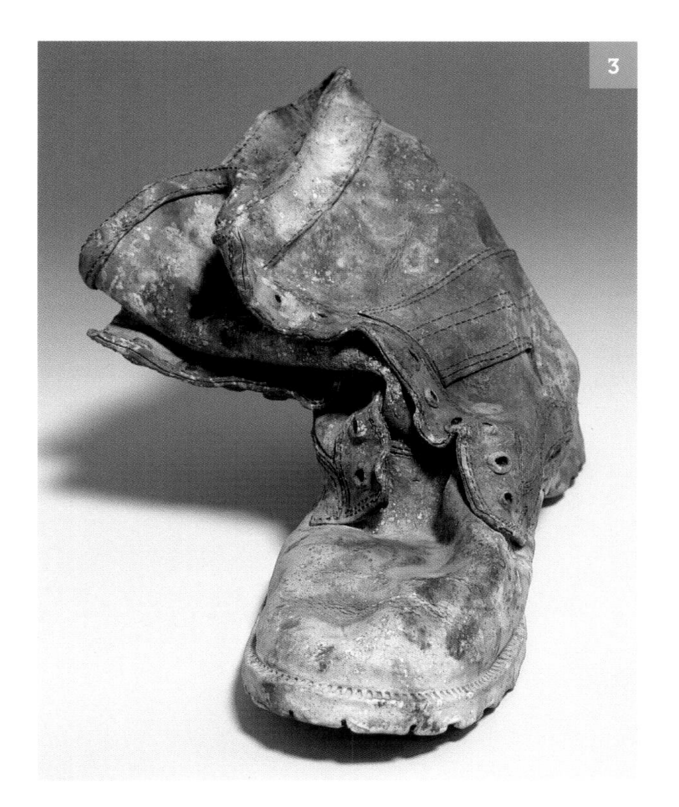
3

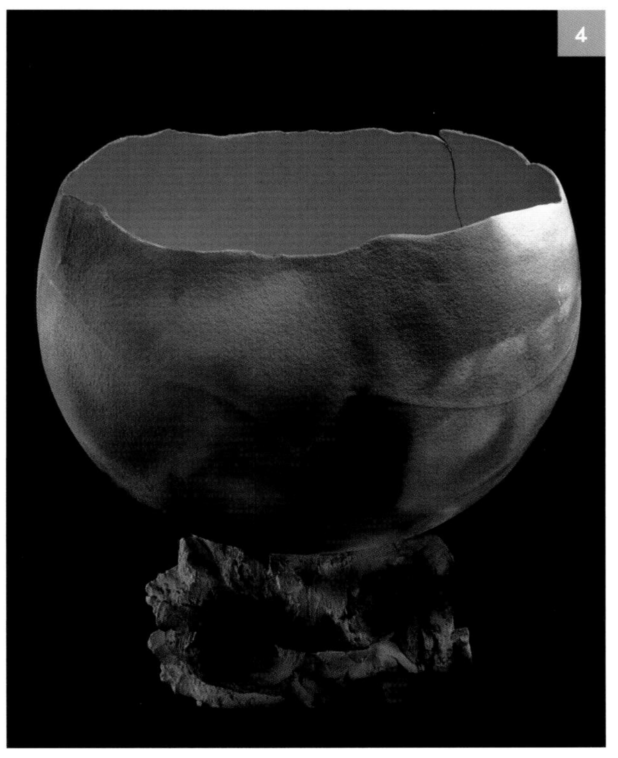
4

5

6

7

8

9

7　瑞格·布朗（Reg Brown）、皮斯特瓦峰（Piestewa）
"剥釉乐烧"，2002年
38 cm × 36 cm × 36 cm；抛光炻器；耐火棉金属桶丙烷乐烧；06号测温锥烧成，报纸还原；冷水降温。
汤米·埃德（Tommy Elder）摄影

"剥釉乐烧"这个词是由北卡罗来纳州的查尔斯·瑞吉斯（Charles Riggs）和琳达·瑞吉斯（Linda Riggs）发明的。该词特指瑞格烧制此类器皿所用的方法。瑞格使用拉蒙（Ramon）自创的剥釉乐烧化妆土和透明釉（配方参见"附录1釉料、化妆土和着色剂"章节）。

8　琳达·甘斯道姆（Linda Ganstrom）
"种子姐妹"，2003年
33 cm × 28 cm × 18 cm；07号测温锥电窑烧成，降温至649 ℃；室温降温直至釉面开裂，最后借助报纸在铁桶内还原。
谢尔登·甘斯道姆（Sheldon Ganstrom）摄影

9　佩特·索维尔（Pat Sowell）
"无题"，1998年
19 cm × 20.3 cm；05号测温锥素烧；耐火砖箱子还原，箱子里面放置锯末、干草，最上面铺设木柴。
布兹·雷柏（Butch Lieber）摄影

10　贝司·托马斯（Beth Thomas）
"七姐妹水壶"，1997年
40.6 cm × 14 cm × 14 cm；赤陶化妆土抛光；配备四个燃烧器的顺焰天然气窑烧成；010号测温锥烧制12小时，黏土质匣钵内放置浸盐干草和规格为22的铜丝。
崔希·海克斯（Tracy Hicks）摄影

11、12　马夏·塞舍（Marcia Selsor）
"佩尔山（Pryor Mountains）上的野马"，1996年
56 cm × 96.5 cm × 2.5 cm；耐火棉窑炉；烧至1 010 ℃，稻草还原。
陶艺师本人摄影

马夏先用铅笔在泥板上画出草稿，在画稿上涂抹白乳胶，最后喷洒亚光青铜色釉。揭掉白乳胶覆盖层之后，借助注射器在图案的边缘上涂画一圈青铜色亮光釉，立烧泥板。所用的亚光和亮光青铜色釉料配方参见"附录1釉料、化妆土和着色剂"。

10

11

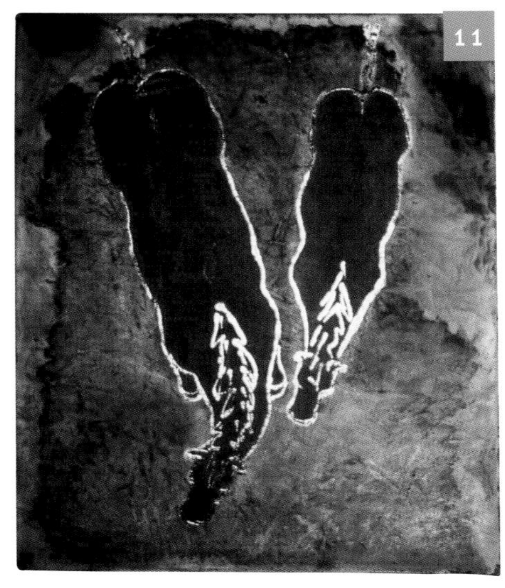

12

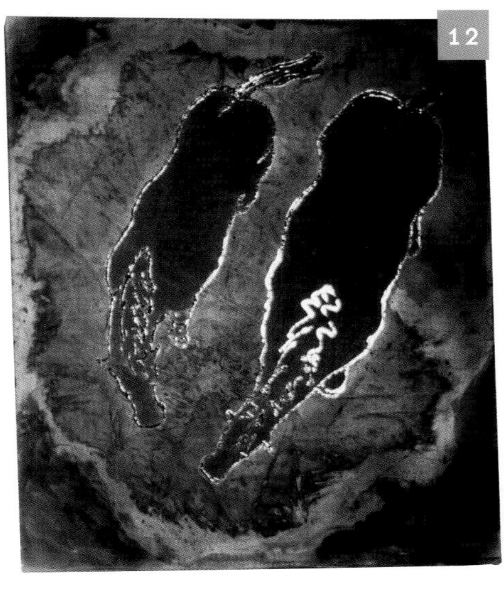

13 **朱安·格兰道斯(Juan Granados)**
“早班机”,2003年
28.6 cm×14.6 cm×12.1 cm;04号测温锥乐烧;贴花纸。
乔·汤普森(Jon Q.Thompson)摄影

14 **琳达·甘斯道姆(Linda Ganstrom)**
“期待”,2003年
58 cm×25 cm×25 cm;釉下彩、裂纹釉、金色光泽彩; 07号测温锥电窑烧成,降温至649 ℃;最后借助报纸在铁桶内还原。
谢尔登·甘斯道姆(Sheldon Ganstrom)摄影

15 **保罗·安德鲁·万德莱斯(Paul Andrew Wandless)**
“简单的一对”,2003年
53.4 cm×20.3 cm×17.8 cm;坑烧,锯末还原。
陶艺师本人摄影

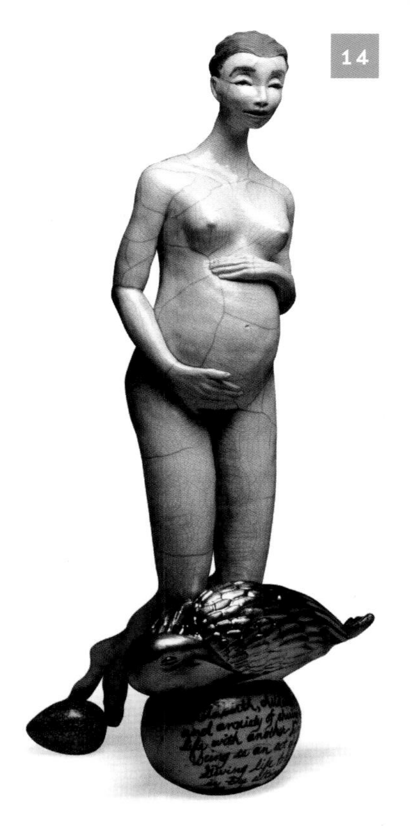

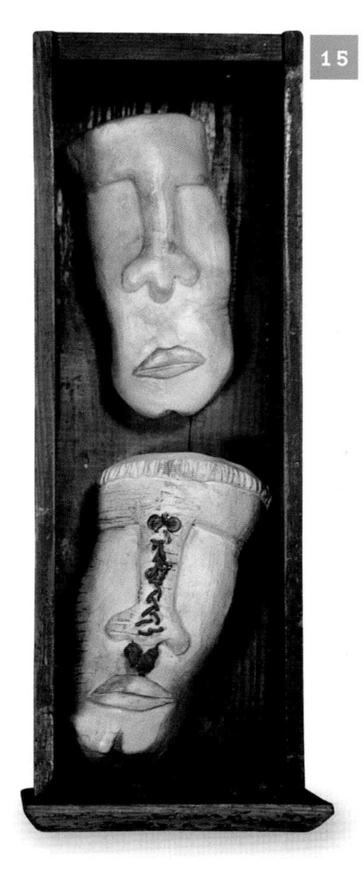

16 **吉拉德·费拉瑞(Gerard Ferrari)**
“灵魂的高度”,2001年
56 cm×50.8 cm×25.4 cm;电窑;耐火砖匣钵;04号测温锥烧成。
拉瑞·迪恩(Larry Dean)摄影

17、18 **汤姆·巴特尔(Tom Bartel)**
“休眠的头颅”,2002年
35.6 cm×25.4 cm×25.4 cm;多次烧成;赤陶化妆土和高温赤陶化妆土,02号测温锥;黑色氧化铜,02号测温锥。
陶艺师本人摄影

16

17

18

19

20

21

19　简・派瑞曼（Jane Perryman）
“抛光器皿”，2003年
27.9 cm × 40.6 cm × 27.9 cm；1 000 ℃素烧；气窑；800 ℃锯末匣钵还原。
格拉海・穆瑞尔（Graham Murrell）摄影

20　玛瑞妮・泰本斯（Marianne Tebbens）
“低温盐釉乐烧器皿”，2001年
25 cm × 13 cm × 11 cm；焦硼酸钠和硼砂釉；配备一个燃烧器的丙烷电窑；报纸包裹食盐、碳酸铜和釉料熔剂；粉色和红色显现后实施10分钟的稻草还原烧成。
约翰・卡拉诺（John Carlano）摄影

21　贾奈特・格拉斯（Janet Glass）
“奥图维（Otowi）”，2002年
直径为30.5 cm；赤陶化妆土；丙烷耐火棉乐烧窑；06号测温锥烧成；可燃性物质烟熏。
顿・米勒（Doug Miller）摄影

22

23

22　荣・温维兹（Von Venhuizen）
“趣味”，2003年
51 cm × 25 cm × 25 cm；耐火棉气窑乐烧；报纸、锯末还原15分钟。
陶艺师本人摄影

23　佩罗・芬兹（Piero Fenci）
“叶子”，2002年
25 cm × 43 cm × 36 cm；耐火砖制上开式窑炉；烧成温度为1 010 ℃；在潮湿的草中短暂还原。
哈里森・伊凡斯（Harrison Evans）摄影

24 琳达·甘斯道姆(Linda Ganstrom)
"喜欢玩闹",2003年
51 cm×15 cm×15 cm,绒光釉下彩,透明乐烧釉,金色光泽彩;07号测温锥烧成,降温至649 ℃;在两个嵌套带盖金属桶中利用报纸还原。
谢尔登·甘斯道姆(Sheldon Ganstrom)摄影

25 谢尔登·甘斯道姆(Sheldon Ganstrom)
"夜莺",2002年
91 cm×41 cm×36 cm;07号测温锥烧成,降温至704～816 ℃;在两个嵌套带盖金属桶中利用报纸还原。
陶艺师本人摄影

26 帕翠克·卡拉比(Patrick Crabb)
"瓷片盘系列",2003年
53 cm×43 cm×8 cm;06号测温锥电窑烧成;燃气乐烧窑;还原。
陶艺师本人摄影

27 查尔斯·瑞吉斯(Charles Riggs)、琳达·瑞吉斯(Linda Riggs)
"带盖黏土罐",2000年
31 cm×17 cm;赤陶化妆土抛光;黏土匣钵乐烧,锯末、碳酸铜、食盐、铁屑还原。
J·D·瑞吉斯(J. D. Riggs)摄影

28 查尔斯·瑞吉斯(Charles Riggs)、琳达·瑞吉斯(Linda Riggs)
"变形大球",2002年
28 cm×28 cm;白色炻器;白色赤陶化妆土抛光;黏土匣钵烧成至927 ℃,锯末、碳酸铜、铜擦板、食盐、铁屑还原。
查尔斯·瑞吉斯(Charles Riggs)摄影

查尔斯和琳达在他们的炻器器皿上喷洒3层赤陶化妆土,然后用软布或女式连裤袜抛光,最后用08号测温锥素烧。

29 詹姆斯·沃特金斯(James C. Watkins)
"睡姿",1995年
50.8 cm×58.4 cm;赤陶化妆土抛光;04号测温锥烧成;锯末还原。
马克·玛玛沃(Mark Mamawal)摄影

24

25

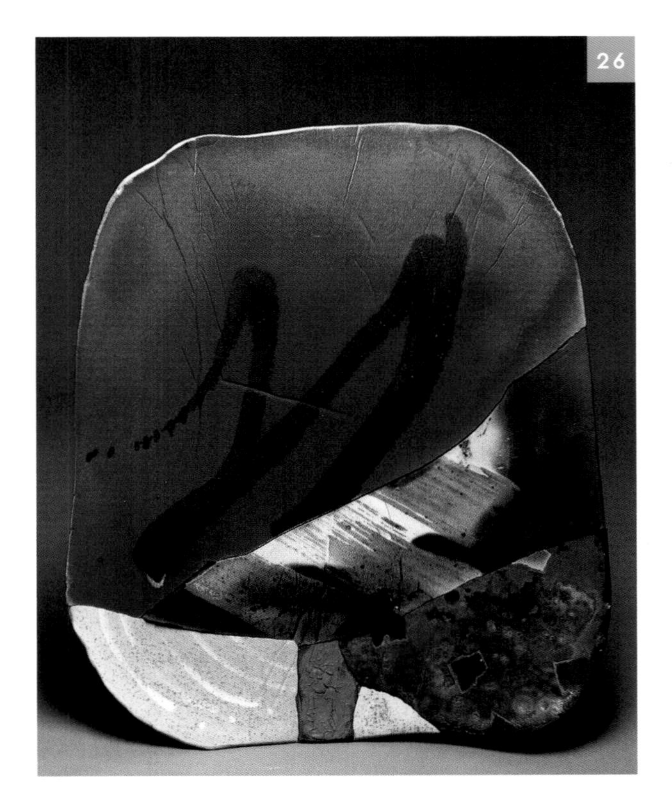
26

27

28

29

30

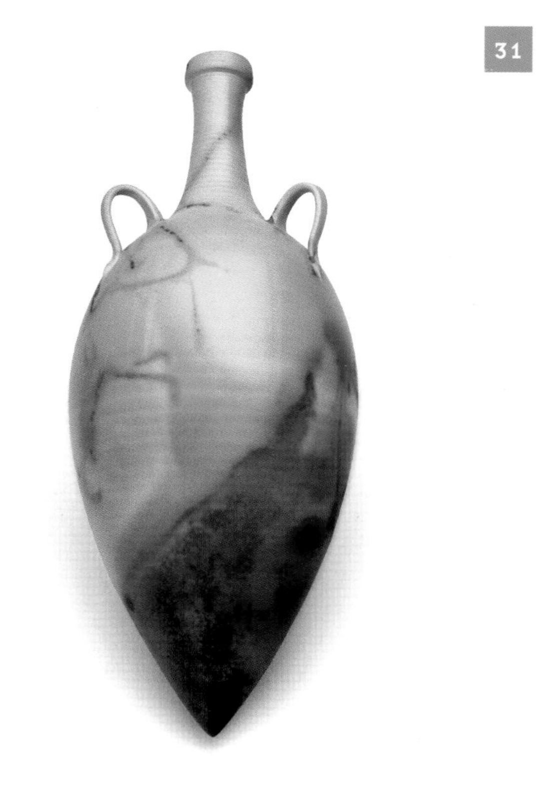
31

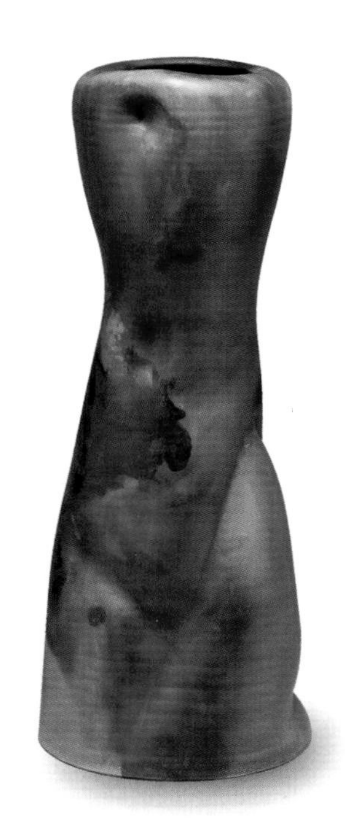
32

33

30　詹姆斯·沃特金斯(James C. Watkins)
"双节拍",2001年
15.2 cm×30.5 cm;喷涂赤陶化妆土;04号测温锥烧成;锯末还原。
荷西·沃马克(Hershel Womack)摄影

31　玛丽·斯皮丝(Maria Spies)
"三耳罐",2001年
51 cm×20 cm×20 cm;赤陶化妆土;04号测温锥素烧;丙烷蛤壳形乐烧窑;小号匣钵慢火烧至843 ℃,匣钵内放置锯末、浸盐干草、碳酸铜。
陶艺师本人摄影

32　马克姆·史密斯(Malcolm Smith)
"躯干诗歌1号",2000~2001年
64 cm×25 cm×25 cm;红色赤陶化妆土;长方形坑窑随意叠摞器皿;坑内铺设15.2 cm厚的锯末、铜屑、各类经素烧的硫酸盐和硼砂小杯、浸盐稻草、稻草、引火物;慢速降温。
陶艺师本人摄影

33　保罗·麦克尼(Paul McCoy)
"剧痛",2001年
37 cm×23 cm×23 cm;坯体上部饰以赤陶化妆土,下部饰以绒面釉下彩;升焰式气窑;在密闭的匣钵内烧至06号测温锥温度,厕纸还原;喷砂处理。
陶艺师本人摄影

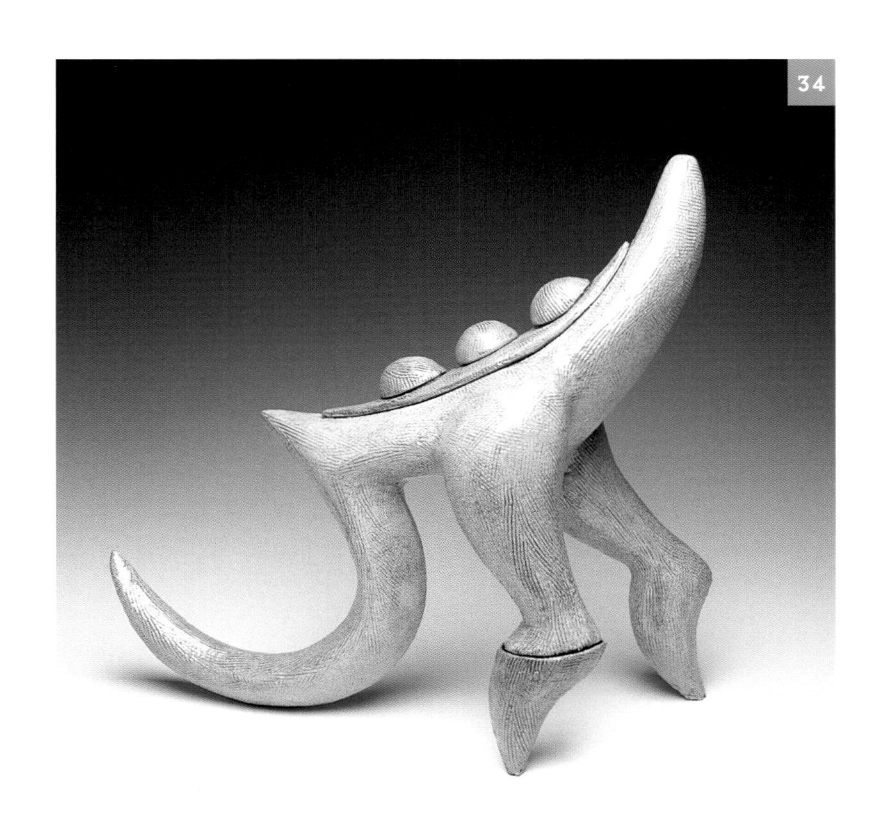
34

34　伯安·海维利(Bryan Hiveley)
"灰色弯茶壶",2003年
41 cm×36 cm×15 cm;04号测温锥素烧;烧至06号测温锥后报纸还原。
陶艺师本人摄影

35

35　简·派瑞曼(Jane Perryman)
"抛光器皿",2003年
27.9 cm×22.9 cm×22.9 cm;1 000 ℃素烧;气窑;800 ℃锯末匣钵还原。
格拉海·穆瑞尔(Graham Murrell)摄影

36　顿·埃里斯(Don Ellis)
"亚光青铜色光泽彩花瓶",2002年
61 cm×63.5 cm×63.5 cm；在派莱克斯(Pyrex)耐高温玻璃窑腔中用91%的酒精还原。
陶艺师本人摄影

37　珍·李(Jan Lee)
"1号剥釉乐烧(Naked Raku)器皿",2003年
38 cm×14 cm×11 cm；赤陶化妆土；010号测温锥素烧；礼帽形保温棉乐烧窑；08号测温锥剥釉乐烧；锯末还原。
蒂姆·巴威尔(Tim Barnwell)摄影

38　海尔达·梅若姆(Hilda Merom)
"耐火黏土罐",2001年
40 cm×22 cm；倒焰气窑；轻质耐火砖匣钵烧成，放置海藻、贝壳、果皮、橄榄壳、铜丝，铝箔纸匣钵内放碳酸铜。
埃维·海兹菲尔德(Avi Hirschfield)摄影

36

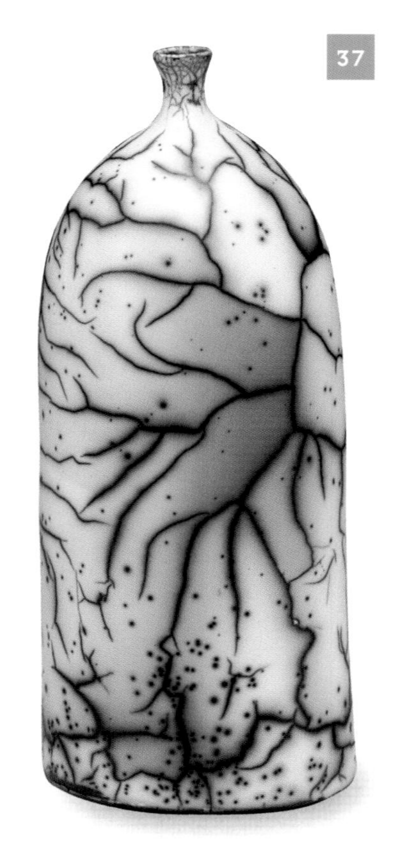

37

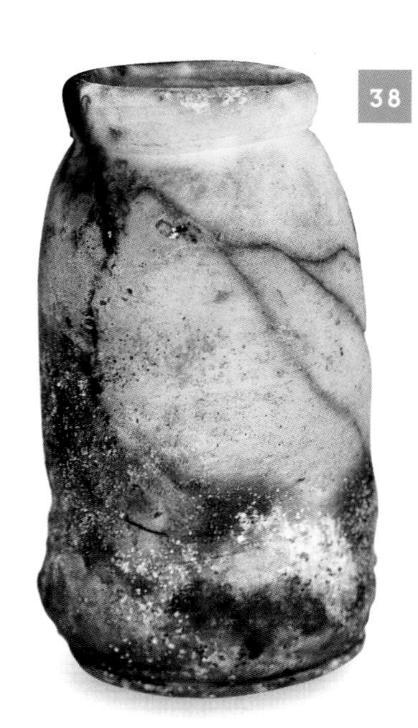

38

39　塞利·霍夫(Shellie Hoffer)
"匣钵烧器皿",2003年
27 cm×11 cm×11 cm；电窑；匣钵烧成，内装海藻、铁屑、干燥和湿润的植物肥、铜丝和铁丝、锯末、食盐。
考特妮·弗瑞斯(Courtney Frisse)摄影

40　吉米·克拉克(Jimmy Clark)
"红日",2002年
45 cm×28 cm×28 cm；叠摞窑砖；锯末、生黏土、铁、硫酸铜还原。
约翰·卡拉诺(John Carlano)摄影

41　梅丽莎·格瑞尼(Melissa Greene)
"挽臂的女子",2002年
38 cm×41 cm；明火铁箅子烟熏。
瑞·米考德(Ray Michaud)摄影

39

40

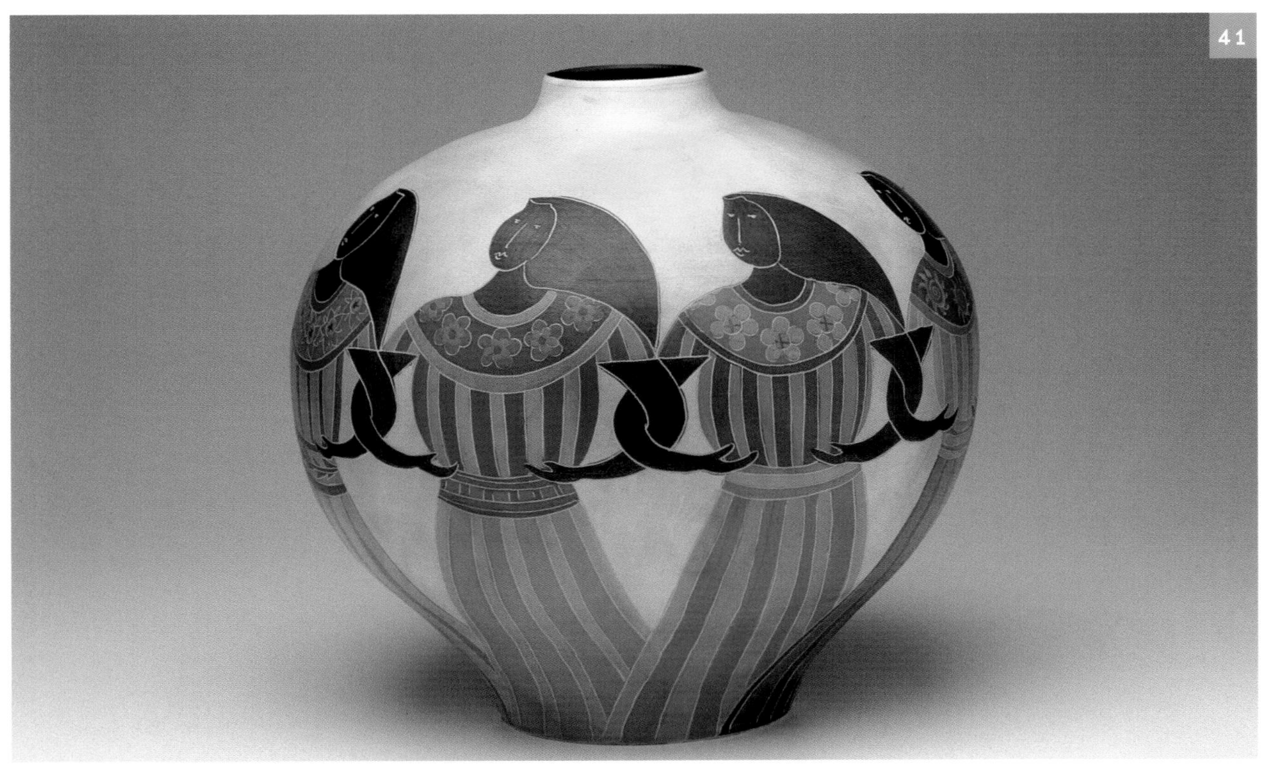

41

42

43

44

45

42 维吉尼亚·米特福德·泰勒(Virginia Mitford Taylor)
“匣钵花瓶”,2003年
30.5 cm×19 cm;锡箔纸匣钵坑烧,匣钵内放置海藻、木屑、铜丝,以及碳酸铜。
帕特·克拉伯(Pat Crabb)摄影

43 朱迪思·莫特斯金(Judith Motzkin)
“酒罐”,2000年
38 cm×28 cm×28 cm;量身自制黏土匣钵;经过改造的丙烷倒焰电窑;稻草及干草烧制,其间放置金属盐类物质,以及氧化物。
迪恩·伯维尔(Dean Powell)摄影

44 鲁斯·阿兰(Ruth E. Allan)
“日出17号”,1998年
40.6 cm×31.8 cm;无釉;丙烷倒焰梭式窑;烧成温度介于03号和04号测温锥温度之间,砖制匣钵内放置盐、铁屑、铁丝、铜丝、胶布。
陶艺师本人摄影

45 卡拉·莫戈帕(Cara Moczygemba)
“逃离”,1999年
61 cm×33 cm×25 cm;坑烧,坑内放置由铜熏烧过的化妆土及海藻。
陶艺师本人摄影

46

47

46 彼兹·利特尔(Biz Littell)
“武士”,2000年
76 cm×51 cm×25 cm;湖西烧器黄金烟熏。
陶艺师本人摄影

47 顿·埃里斯(Don Ellis)
“亚光青铜色光泽彩花瓶”,2002年
50.8 cm×56 cm×56 cm;在派莱克斯(Pyrex)耐高温玻璃窑腔中用91%的酒精还原。
陶艺师本人摄影

48 朱迪思·莫兹金(Judith Motzkin)
"心的生命",2001年
36 cm×38 cm×10 cm;在绘有装饰纹样的石膏盒子内填塞锯末烧制的黏土部件,经改造的倒焰丙烷电窑;稻草和浸盐、氧化物干草烧成。
苏珊·拜尼(Susan Byrne)摄影

49 格瑞·格利伯格(Gary Greenberg)
"装置(马戏团的花生衣)",2001~2003年
198 cm×41 cm×259 cm;仿铝箔烧成工艺;硼砂和水釉;05号测温锥素烧;顺焰气窑;仿铝箔包裹坯体,010~012号测温锥烧成。
陶艺师本人摄影

50 沙瑞夫·贝(Sharif Bey)
"同化·毁灭",创作日期不详
61 cm×183 cm;陶器;阿派尼(Alpine)顺焰窑;随意叠摞。
史蒂芬妮·斯科菲尔德(Stephanie Schofield)摄影

51 史蒂文·布兰夫曼(Steven Branfman)
"器皿",1999年
36 cm×24 cm×24 cm;镶嵌有色玻璃,透明乐烧釉;粗锯末还原。
陶艺师本人摄影

52 马德尼·奥敦杜(Magdalene Odundo)
"无题",1987年
32 cm×20 cm;气窑;氧化焰烧制红色赤陶化妆土,炭黑色。
乔纳夏·林兹(Johnathan Lynch)摄影

53 罗兰多·沙沃(Rolando Shaw)
"2号带足形体",2003年
18 cm×10 cm×14 cm;剥釉乐烧工艺;配备三个燃烧器的乐烧窑;碎报纸还原。
哈里森·伊万斯(Harrison Evans)摄影

48

49

50

51

52

53

54

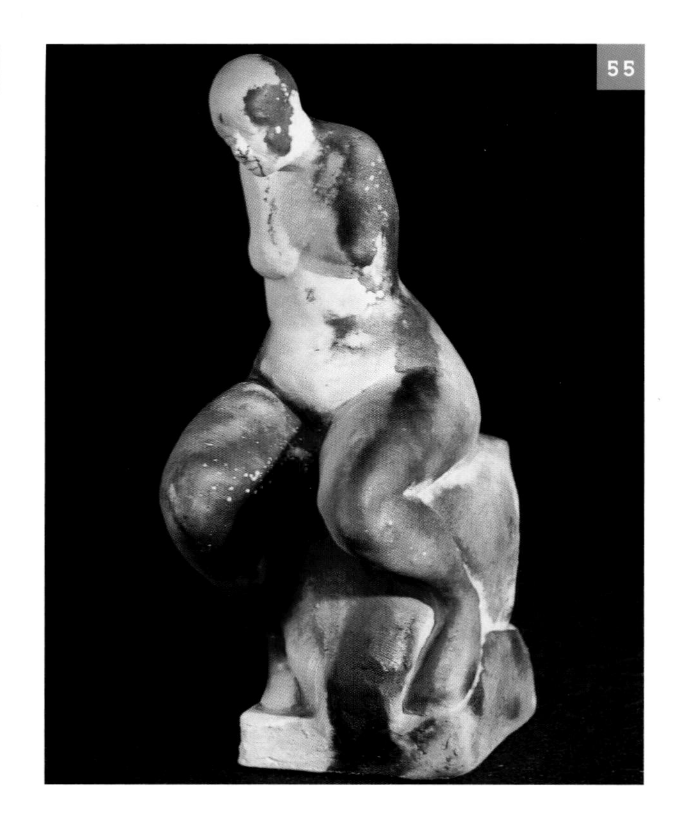

55

56

57

54 埃纳·辛格（Avner Singer）、诺阿·本·沙龙（No'a Ben Shalom）
“无题”，2002年
80 cm×390 cm×3 cm；沙质坯料外涂赤陶化妆土；照片丝网印黑色花纸；烧成温度为950 ℃；地表坑烧，木柴、锯末、碳酸铜、食盐、灰烬焖烧。
兰·埃德（Ran Erde）摄影

55 南希·法瑞尔（Nancy Farrell）
“女子”，2001年
89 cm×33 cm×33 cm；锯末、食盐还原。
陶艺师本人摄影

56 佩特·索维尔（Pat Sowell）
“无题”，1998年
20.3 cm×25.4 cm；05号测温锥素烧；耐火砖箱还原，下层铺设锯末、干草，上层铺设木柴。
布兹·雷柏（Butch Lieber）摄影

57 维尼·欧文斯·哈特（Winnie Owens-Hart）
“三位女士”，1997年
46 cm×44.5 cm；坑烧；锯末、碎报纸烧制24小时；湿报纸还原。
贾维斯·格兰特（Jarvis Grant）摄影

58

58 苏珊·沃利（Susan Worley）
“漂泊的空间”，2003年
14 cm×17 cm；白色黏土表面涂抹铜和铁；乐烧窑烧成；金属桶烟熏，短暂二次氧化。
林·胡顿（Lynn Hunton）摄影

59

59 埃铎度·拉祖（Eduardo Lazo）
“北极光”，2002年
25 cm×30 cm×30 cm；多次烧成釉料；在烧成的最后阶段以化学物质烟熏。
保罗·蒂坦格斯（Paul Titangos）摄影

60　詹姆斯・沃特金斯（James C. Watkins）
“双层碗（守护人系列）”，2003年
22.9　cm×48.3　cm；水洗铜釉料；烧成温度为927 ℃，降温至427 ℃；氯化锡烟熏。
荷西・沃马克（Hershel Womack）摄影

61　辛迪・考林（Cindy Couling）
“鱼的故事”，创作日期不详
15　cm×18　cm×2　cm；在B配方化妆土装饰层上借助油毡翻印纹饰；06号测温锥素烧；青铜色釉和黑木红色釉；锯末还原。
林・胡顿（Lynn Hunton）摄影

62　詹姆斯・沃特金斯（James C. Watkins）
“瓶子”，2001年
27.9　cm×22.9　cm；04号测温锥釉烧；胶带纸遮挡的图案上喷涂赤陶化妆土；抛光；012号测温锥烧成；锯末还原。
荷西・沃马克（Hershel Womack）摄影

63　苏米・凡・达索（Sumi Von Dassow）
“坑烧花瓶”，2002年
24.1　cm×16.5　cm×16.5　cm；B配方化妆土，抛光，无赤陶化妆土；坑烧，坑中放置木柴、食盐、硫酸铜、奇迹植物肥公司（Miracle-Gro）的产品。
陶艺师本人摄影

64　鲁斯・埃兰（Ruth Allan）
“天空的景象”，2002年
38　cm×22　cm；未施釉；丙烷倒焰轨道窑；03～04号测温锥烧成，耐火砖临时建造的匣钵内装食盐、铁屑、肥皂片、铜丝和铁丝、胶带纸。
敦・雅贝（Doug Yaple）摄影

鲁斯借助各种品牌的胶带纸、碎报纸、红色氧化铁在瓷器坯体上创造不同的肌理。她在器皿的周围放置几个5 cm深的黏土质杯子，杯内装满食盐、铁屑、硼砂类低熔点物质。食盐和硼砂冒出来的烟雾熏着铁屑、铜丝、铁丝和氧化物，而这些又反作用于胶带纸，并在坯体的外表面上形成丰富多变的铁锈红色斑。

65　顿・埃里斯（Don Ellis）
“亚光青铜色光泽彩花瓶”，2002年
45.7 cm×45.7 cm×45.7 cm；在派莱克斯（Pyrex）耐高温玻璃窑腔中用91％的酒精还原。
陶艺师本人摄影

60

62

63

64

65

66

67

68

69

66　塞利·霍夫(Shellie Hoffer)
“舞蹈罐”,2003年
31 cm×17 cm×5 cm;抛光瓷器;电窑;010号测温锥匣钵烧成,内装海藻、铁屑、繁缕、铜丝、铁丝绒、食盐。
考特妮·弗瑞斯(Courtney Frisse)摄影

塞利借助铜丝在坯体的外表面上形成黑色线条,借助挂画线形成褐色线条。有些时候,她将还原类物质浸泡在硫酸钴溶液中,然后晾干,最后将坯体放在匣钵中烧成,将匣钵塞得满满的,不留半点缝隙。

67　朱迪·哈珀(Judy Harper)
“‘自卫’匣钵烧成罐子”,1999年
17 cm×13 cm×13 cm;玛瑙抛光瓷器;06号测温锥电窑素烧;012号测温锥电窑黏土匣钵烧成,匣钵内装植物种子、花朵、海藻、铁丝绒、铜、剑麻纤维还原。
罗格·兹瑞波(Roger Schreiber)摄影

68　詹姆斯·沃特金斯(James C. Watkins)
“守护者”,1998年
63.5 cm×50.8 cm;抛光赤陶化妆土;04号测温锥烧成;报纸还原。
马克·玛玛沃(Mark Mamawal)摄影

69　大卫·琼斯(David Jones)
“黑水塘”,2002年
28 cm×26 cm;乐烧双层器皿。
罗德·道林(Rod Dorling)摄影,由英格兰克罗伍德出版社(The Crowood Press)友情提供

70　苏米·凡·达索(Sumi Von Dassow)
“极度神秘”,2003年
22.9 cm×22.9 cm×22.9 cm;坑烧,燃料包括马厩用品、木柴、咖啡末、食盐、硫酸铜、海藻、奇迹植物肥公司(Miracle-Gro)的产品。
陶艺师本人摄影

71　大卫·乔伊(David Joy)
“无题”,2002年
48.3 cm×66 cm×66 cm;为每个器形量身制作升焰式砖窑;铝箔纸匣钵烧制,坯体的外表面上粘贴胶带纸,铁、铜金属盐类物质,报纸、干草。
布鲁斯·凡费尔德(Bruce Fairfield)摄影

70

71

72　维吉尼亚·米特福德·泰勒(Virginia Mitford-Taylor)
“耐火黏土花瓶”,2002年
30.5 cm×14 cm;010号测温锥电窑烧成;金属匣钵烧成,内装海藻、木柴、铜丝、碳酸铜。
帕特·卡拉比(Pat Crabb)摄影

维吉尼亚在金属桶口和桶底外围,每隔7.6～10.2 cm钻一个直径6 mm的孔。

73　朱迪·哈珀(Judy Harper)
“经削切的匣钵烧成罐子”,2001年
27 cm×11 cm×11 cm;玛瑙抛光瓷器;06号测温锥电窑素烧;012号测温锥电窑黏土匣钵烧成,匣钵内装植物种子、花朵、海藻、铁丝绒、铜、剑麻纤维还原。
罗格·兹瑞波(Roger Schreiber)摄影

74　朱安·格兰道斯(Juan Granados)
“取代”,2003年
20.3 cm×25.4 cm×8.9 cm;04号测温锥乐烧;贴花纸。
乔·汤普森(Jon Q. Thompson)摄影

75　泰瑞·海吉瓦(Terry Hagiwara)
“我的立体主意”,2003年
27 cm×23 cm×23 cm;金属红釉、鳄皮釉、白色裂纹釉;气窑乐烧;金属桶烟熏。
杰克·兹科(Jack Zilker)摄影

76　马德尼·奥敦杜(Magdalene Odundo)
“无题”,1988年
39 cm×23 cm;气窑;氧化气氛烧制红色赤陶化妆土,炭黑色。
乔纳夏·林兹(Johnathan Lynch)摄影

77　詹姆斯·沃特金斯(James C. Watkins)
“双层瓶(守护者系列)”,2001年
22.9 cm×48.3 cm;胶带纸粘贴图案上喷涂赤陶化妆土;04号测温锥烧成;锯末还原。
荷西·沃马克(Hershel Womack)摄影

78　理查德·伯凯特(Richard Burkett)
“按压器皿:螺丝钳”,2003年
50.8 cm×45.7 cm×45.7 cm;炻器坯料和大麦灰;喷涂赤陶化妆土和碳酸铜的混合液体;匣钵烧成,内装海藻、蛭石、锯末、岩盐、铜丝。
陶艺师本人摄影

72
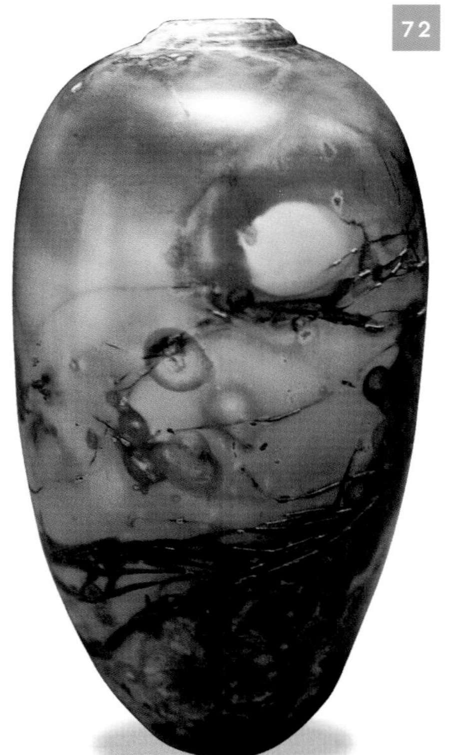

73
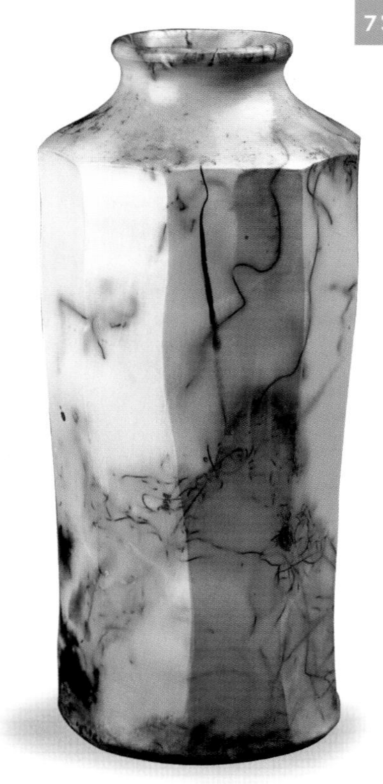

74
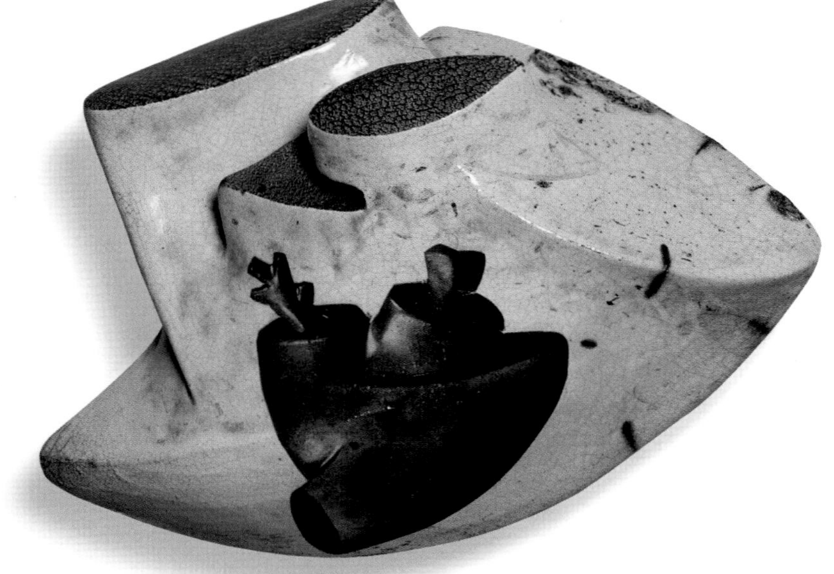

75

76

77

78

后 记

向每一位付出时间和耐心，以及支持的同行表示由衷的谢意。此书能够顺利出版得益于团队中的每一位成员。感谢大家陪伴我们走过这一段漫长的道路。感谢云雀图书公司（Lark Books）给予此书出版机会。多少年以来，陶艺专业让我们受益匪浅，因此大家都觉得很有必要作出些许回报。千言万语也难以答谢苏詹妮・托蒂劳特（Suzanne Tourtillott）编辑在编撰过程中所付出的耐心和热情。至截稿前的一年多时间内，她通过电话、传真、电子邮件解答了我们至少6 438个问题。她因此也成为我们的莫逆之交。她的指导、支持和编辑工作使得此书的编纂日程大为缩减。我们也要向罗布・普雷恩（Rob Pulleyn）致以由衷的谢意，为方便我们拍照，他把自己的家和工作室无偿地提供给我们将近一个星期的时间。他的慷慨让每一个人都感到如在家一般安逸，由此萌生出的工作氛围充满了活力、灵感与创意。长途跋涉到达山顶之后，我们到了这个令人神往的地方。就是在这里，艺术总监卡西・霍密斯（Kathy Holmes）和摄影师伊万・布拉肯（Evan Bracken）为作品取材并拍摄了大量美丽的背景图片。他们用相机详细记录

了每件作品的制作过程，以作为文字部分的辅助说明性图片。

我们还要感谢兰迪·布隆纳克斯（Randy Brodnax）、顿·埃里斯（Don Ellis），以及琳达·克里芙（Linda Keleigh）向本书无私阐明他们的烧成技巧。他们所付出的时间、专业知识和热情着实为本书增色不少。以上各位不但是优秀的陶艺师，他们更是我们的好朋友。

詹姆斯·沃特金斯（James C. Watkins）借此书向他的夫人莎拉·沃特斯（Sara Waters），他的孩子约翰·埃瑞克（John Eric）、詹瑞·詹姆斯（Zachary James）、蒂夫·玛丽（Tighe Marie）表示由衷谢意，感谢他们无私的爱和关怀。詹姆斯还要向他的双亲表示感谢，是他们支持詹姆斯走上艺术道路。詹姆斯亦要感谢他的众位恩师，他们不但为詹姆斯答疑解惑，更为他营造了良好的人际氛围。

保罗·安德鲁·万德莱斯（Paul Andrew Wandless）借此书向他的夫人简（Jane）和他们的新生儿子米尔斯（Miles）表示由衷谢意。简的关爱和支持令保罗的工作进行得极为顺利。保罗还想感谢他的兄弟丹尼（Danny），感谢他一直默默支持保罗的艺术梦想。最后，保罗要感谢所有的老师和同事，没有他们的支持就不可能有保罗今日的成功。

詹姆斯·沃特金斯 (James C. Watkins) 、
保罗·安德鲁·万德莱斯 (Paul Andrew Wandless)

附录1 釉料、化妆土和着色剂

所有的釉料在使用之前都必须经过测试，其原因是不同的使用环境、原料的质量和窑炉的类型都会影响到釉料的发色。

乐烧釉

黑色亮光釉

06号测温锥烧成

10.0	硼砂
40.0	焦硼酸钠
20.0	纯碱
10.0	霞石正长石
20.0	巴纳德（Barnard）黏土
100.0	合计
+ 4.0	碳酸钴
+ 2.0	碳酸铜

蓝色裂纹釉

06号测温锥烧成

75.5	焦硼酸钠
18.9	康沃尔石
5.6	碳酸钴
100.0	合计

蓝色绒光釉

06号测温锥烧成

30.0	焦硼酸钠
10.0	霞石正长石
20.0	氧化铝
20.0	碳酸钴
20.0	金红石
100.0	合计

鲍勃（Bob）自创的铜红釉

06号测温锥烧成

59.3	焦硼酸钠
25.4	G-200长石
8.5	3110号熔块
6.8	黑色氧化铜
100.0	合计

铜蓝色

06号测温锥烧成

66.6	3110号熔块
6.7	焦硼酸钠
9.5	二氧化硅
9.5	纯碱
4.8	SPK高岭土
2.9	碳酸铜
100.0	合计

亚光青铜釉

烧成温度为1 010 ℃。马夏·塞舍（Marcia Selsor）创作的“佩尔山（Pryor Mountains）上的野马”，使用的就是这种釉料和下一个配方“1号亚光青铜釉”。

66.6	焦硼酸钠
16.7	霞石正长石
16.7	骨灰
100.0	合计
+ 7.0	碳酸铜
+ 3.0	碳酸钴

1号亚光青铜釉

06号测温锥烧成

75.0	焦硼酸钠
25.0	骨灰
100.0	合计
+ 4.0	碳酸铜
+ 2.0	氧化钴

2号亚光青铜釉

06号测温锥烧成

80.0	焦硼酸钠
20.0	霞石正长石
100.0	合计
+ 1.1	氧化钴
+ 2.1	氧化铜
+ 7.8	赭石黄色

便士铜色

06号测温锥烧成

80.0	焦硼酸钠
20.0	钾长石
100.0	合计
+ 2.0	碳酸铜
+ 1.0	碳酸钴
+ 7.0	赭石黄色

拉蒙（Ramon）自创的锂釉

06号测温锥烧成。这种釉料能在不同的烧成温度中呈现出不同的色泽：当烧成温度为982 ℃时，配合不完全还原烧成可以呈现亚光橙色；当烧成温度为993 ℃时，呈现海蓝色；当烧成温度为1 010 ℃时，呈现具有金属光泽的深褐色；当烧成温度超过993 ℃时，刮擦器皿的外表面可以令铜元素发散出光亮的色泽。可以参考前文中瑞格·布朗（Reg Brown）的作品“被偷走的一代”，以深入了解其釉面外观效果。

28.5	碳酸锂
14.4	EPK高岭土
57.1	燧石
100.0	合计
+ 2.8	膨润土
+ 3.7	碳酸铜

拉蒙（Ramon）自创的剥釉乐烧化妆土

06号测温锥烧成。瑞格·布朗（Reg Brown）的抛光作品用的就是这种化妆土，在化妆土的外表面上再喷涂下一个配方“透明釉料”。

60.0	瓷石
40.0	3134号熔块
100.0	合计

拉蒙（Ramon）自创的透明釉

06号测温锥烧成。瑞格·布朗（Reg Brown）的抛光作品用的就是这种釉料，在釉料层的下面覆盖上一个配方“剥釉乐烧化妆土”。

15.0	瓷石
85.0	3134号熔块
100.0	合计

沃利（Wally）自创的剥釉乐烧化妆土

016～014号测温锥烧成。调配成稠膏状。珍·李（Jan Lee）创作的“2号剥釉乐烧器皿”用的就是这种化妆土，在化妆土的外表面上喷涂透明釉。

50.0	高水乐烧泥（干泥块）
30.0	EPK高岭土
20.0	二氧化硅
100.0	合计

沃利（Wally）自创的剥釉乐烧封面釉

016～014号测温锥烧成。调配成稠膏状。珍·李（Jan Lee）创作的“2号剥釉乐烧器皿”用的就是这种封面釉，在釉料层上覆盖的就是上一种化妆土。

35.0	焦硼酸钠
65.0	3110号熔块
100.0	合计

烟熏釉料

彼兹（Biz）自创的1号釉下黑色

06～04号测温锥烧成时呈亚光效果。

61.0	Ferro（费罗）3110号熔块
39.0	EPK高岭土
100.0	合计
+ 10.0	马森（Mason）6600号黑色着色剂
+ 2.0	膨润土

彼兹（Biz）自创的3号釉下黑色

06～04号测温锥烧成时呈缎面色泽。

62.0	费罗（Ferro）3110熔块
38.0	EPK高岭土
100.0	合计
+ 10.0	马森（Mason）6600号黑色着色剂
+ 2.0	膨润土

彼兹（Biz）自创的4号釉下黑色

06～04号测温锥烧成时呈光亮效果。

63.0	费罗（Ferro）3110熔块
37.0	EPK高岭土
100.0	合计
+ 10.0	马森（Mason）6600号黑色着色剂
+ 2.0	膨润土

着色剂

上述釉料配方可以作为基础釉，添加下述着色剂可以改变其烧成效果。根据所建议的比例对各项氧化物进行烧成试验。着色剂对基础釉的影响是多方面的，例如锡、钡、锂等化学物质可以令透明釉失去透明效果。这里所介绍的着色剂适用于碱性基础釉。

碳酸铜

1.0%	浅湖蓝色
2.0%～3.0%	湖蓝色至蓝绿色
5.0%+	具有金属光泽的绿色至黑色

氧化钴

0.25%	浅蓝色至中蓝色
0.50%	深蓝色
1.0%+	蓝黑色

氧化铬

0.5%～3.0%	一系列绿色

铬酸铁

2.0%	灰褐色至黑色

氧化镍

1.0%～2.0%	淡褐色

氧化锰

2.0%～3.0%	青紫色至紫褐色

红色氧化铁

1.0%～3.0%	红褐色至铁锈红色等一系列颜色

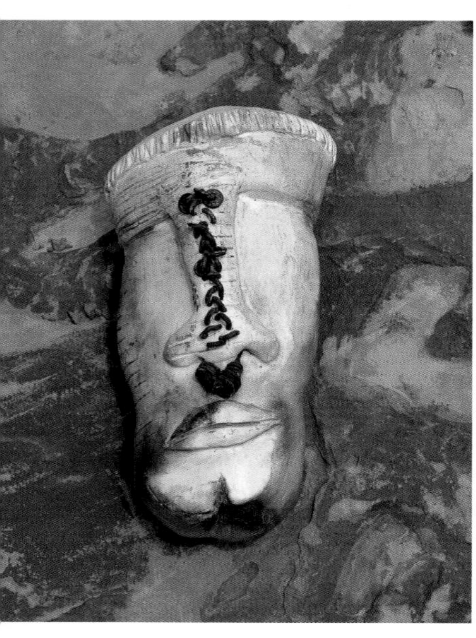

坑烧，锯末还原，由陶艺师保罗·安德鲁·万德莱斯（Paul Andrew Wandless）创作并烧制。

附录2 专业词汇表

碱釉： 以钠、钾、石灰、锂、氧化镁作为助熔剂的釉料。

防火墙： 建造在窑炉内的墙体，用以阻隔火焰直接烧灼坯体。

转盘： 以轴承支撑的慢轮，以手作为动力。

BTU： 英国热量单位；它表示将一吨纯净水的温度提高一华氏度所需要的热量。

素烧坯： 将坯体烧成至不溶于水、多孔的状态，排除坯体内的水分；通常利用08～04号测温锥进行烧制。

燃烧器端口： 窑炉上用于安装燃烧器的孔洞。

文杜里燃烧器： 带有开关阀门的金属管，用于输送丙烷和氧气的混合气体。

抛光： 利用光滑的工具打磨半干或者干透的坯体，通过挤压黏土颗粒使坯体的外表面更加紧致。

炭化： 富含碳元素（参见还原气氛）。

耐火棉： 一种棉状材料，既耐火又隔热。

着色剂： 一种化学物质，遇热或者与其他种类的化学物质混合时能在坯体的外表面上生成各种颜色。

可燃性物质： 例如锯末、稻草、报纸等原料，在烧成的过程中用作燃料。

测温锥，测温计： 瘦长型小尖锥，由陶瓷材料制作而成，能在特定的烧成温度下熔化或者弯曲。每一个测温锥都有其特定的编号，表示特定的熔融温度［参见“附录3奥顿（Orton）测温锥表”］。

倒焰窑： 一种烟囱开口设在窑炉底部的窑炉，这种布局可以形成强烈的倒焰氛围：热量先升至窑炉顶部，然后回流至坯体周围，最后经烟囱口流出窑外。

铁丝网： 栅格状金属制品，用于修建乐烧窑，或者在乐烧过程中阻隔坯体与火焰。

硬质耐火砖： 一种质地细密的耐火砖，由耐火黏土制成，可以承受高温。

轻质耐火砖： 一种质地松散的耐

火砖，吸热亦隔热。容易切割，可用作窑具。

窑腔：窑炉内盛放和烧制坯体的空间。

烟熏：一种在烧成过程中向窑炉内抛撒化学物品，这些物质遇热释放出烟雾并作用于坯体外表面的方法。

釉料：由各类陶瓷材料和化学物质混合而成，在烧成的过程中熔融，并在器皿的外表面上形成一层细密、玻化、光亮的物质。

素坯：未经烧成的半干坯体或者干透的坯体，可溶于水。

半干：素坯干燥过程中的一个阶段。处于这个状态的坯体不黏手，可以支撑自身的重量，甚至还有一定的可塑性。可以在此阶段对坯体进行雕刻、抛光和黏结。

局部还原：一种在坯体周围放置可燃性物质，从而在坯体的外表面形成炭化黑斑的烧成方法。

成熟：就坯料而言，烧成温度达到"成熟"意指曲翘率、易碎性和吸水率均至最低点。就釉料而言，烧成温度达到"成熟"意指釉料开始熔融，达到熔点。

化学品安全说明书：介绍各类化学制剂安全使用规则的说明性材料。

镍铬合金丝：镍和铬的混合制品，用于高温烧成。

氧化物：一种与氧元素化合而成的新物质，可用作釉料或者坯料发色剂。

可塑性：原料可以成型的特征，特指坯料未干之时，尚有一定的柔韧性。

测温计：一种安装在窑炉内部，用于测量烧成温度的仪器。

乐烧：一种用于素烧坯体的低温烧成方法，其名称来源于日本古代发明这一烧成技术的家族。西式乐烧法讲究在釉料熔融之际将炙热的坯体拿出窑炉，并立刻将其投入装满可燃性物质的器皿内实施烟熏。

还原气氛：燃料遇到炙热的坯体后，氧气成为燃料并转化为碳。这种气氛富含碳元素。

耐火：在高温环境中仍旧不熔融。

二次氧化：经过还原气氛之后，再次将坯体置于氧气或者含氧量极高的气氛中。

匣钵：带盖黏土质或者金属质耐高温容器。

赤陶化妆土：用于装饰坯体，可以对其进行抛光处理的化妆土。

抗热震性：坯体在烧成或者降温的过程中突然遇到温度变化时所产生的反应。

叠摞：不借助窑具，而将坯体逐层叠放在一起的装窑方法。

蒸发：将化学物质抛撒到炙热的环境中，该物质会散发出蒸气。

玻化：釉料或者坯料达到熔融温度，开始出现紧致、硬化、无吸水性等特征。

坯体：一个用于形容陶瓷器皿的词汇。

水洗：在素坯或者素烧坯的外表面擦拭水和着色剂的混合液体。

奥顿测温锥℃当量表

		测温锥类型											
		自立式测温锥安装高度4.45 cm						大测温锥高度5.08 cm				小测温锥高度2.38 cm	
		成分											
		常规			无铁			常规		无铁		常规	测温锥当量
		加热速率℃/小时（至少持续燃烧90～120分钟）											
		15	60	150	15	60	150	60	150	60	150	300	150
测温锥·轻质系列	022	565	586	590				无效	无效			630	
	021	580	600	617				无效	无效			643	
	020	607	626	638				无效	无效			666	
	019	656	678	695				676	693			723	
	018	686	715	734				712	732			752	
	017	705	738	763				736	761			784	
	016	742	772	796				769	794			825	
	015	750	791	818				788	816			843	
	014	757	807	838				807	836			870	
	013	807	837	861				837	859			880	
	012	843	861	882				858	880			900	
	011	857	875	894				873	892			915	
测温锥·低温系列	010	891	903	915	871	886	893	898	913	884	891	919	
	09	907	920	930	899	919	928	917	928	917	926	955	
	08	922	942	956	924	946	957	942	954	945	955	983	
	07	962	976	987	953	971	982	973	985	970	980	1 008	
	06	981	998	1 013	969	991	998	995	1 011	991	996	1 023	
	05½	1 004	1 015	1 025	990	1 012	1 021	1 012	1 023	1 011	1 020	1 043	
	05	1 021	1 031	1 044	1 013	1 037	1 064	1 030	1 046	1 032	1 044	1 062	
	04	1 046	1 063	1 077	1 043	1 061	1 069	1 060	1 070	1 060	1 067	1 098	
	03	1 071	1 086	1 104	1 066	1 088	1 093	1 086	1 101	1 087	1 091	1 131	
	02	1 078	1 102	1 122	1 084	1 105	1 115	1 101	1 120	1 102	1 113	1 148	
	01	1 093	1 119	1 138	1 101	1 123	1 134	1 117	1 137	1 122	1 132	1 178	
测温锥·中等系列	1	1 109	1 137	1 154	1 119	1 139	1 148	1 136	1 154	1 137	1 146	1 184	
	2	1 112	1 142	1 164				1 142	1 162			1 190	
	3	1 115	1 152	1 170	1 130	1 154	1 162	1 152	1 168	1 151	1 160	1 196	
	4	1 141	1 162	1 183				1 160	1 181			1 209	
	5	1 159	1 186	1 207				1 184	1 205			1 221	
	5½	1 167	1 203	1 225				无效	无效			无效	
	6	1 185	1 222	1 243				1 220	1 241			1 255	
	7	1 201	1 239	1 257				1 237	1 255			1 264	
	8	1 211	1 249	1 271				1 247	1 269			1 300	
	9	1 224	1 260	1 280				1 257	1 278			1 317	
	10	1 251	1 285	1 305				1 282	1 303			1 330	
	11	1 272	1 294	1 315				1 293	1 312			1 336	
	12	1 285	1 306	1 326				1 304	1 326			1 355	1 337

图表中的温度与不同的测温锥类型一一对应。自立式测温锥的规格为4.45 cm（$1\frac{3}{4}$″）。大测温锥的规格为5.08 cm（2″）。小测温锥的规格为2.38 cm（$\frac{15}{16}$″）。烧成情况决定着温锥开始弯曲的熔融温度。本图表由爱德华・奥顿陶艺基金会（Edward Orton Jr. Ceramic Foundation）授权并提供。